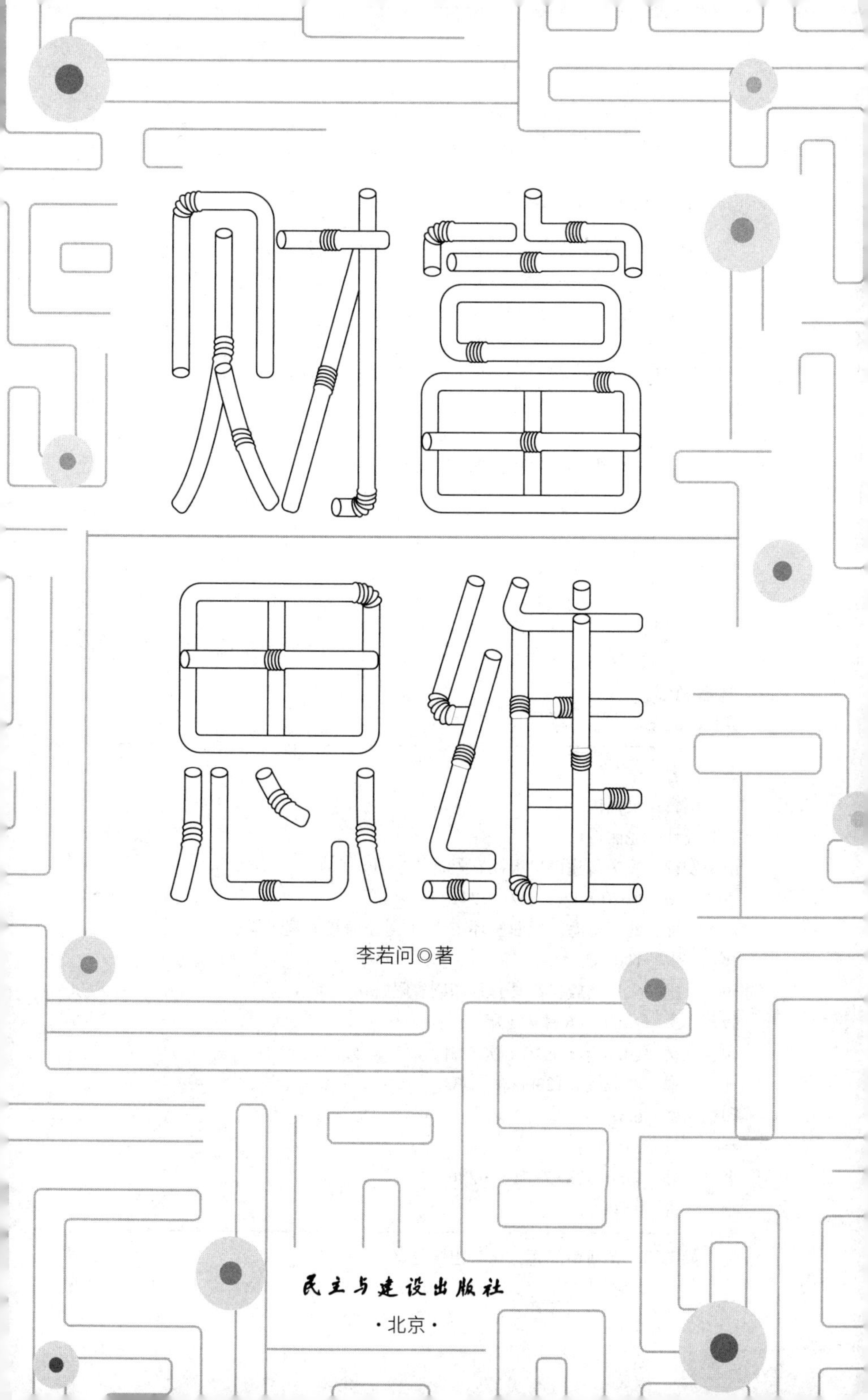

李若问◎著

民主与建设出版社
·北京·

图书在版编目（CIP）数据

财富思维 / 李若问著 . -- 北京 : 民主与建设出版社 , 2020.5
ISBN 978-7-5139-2961-5

Ⅰ . ①财… Ⅱ . ①李… Ⅲ . ①财务管理－通俗读物 Ⅳ . ① TS976.15-49

中国版本图书馆 CIP 数据核字 (2020) 第 041517 号

财富思维
CAIFU SIWEI

著　　者　李若问
责任编辑　吴优优
装帧设计　尧丽设计
出版发行　民主与建设出版社有限责任公司
电　　话　(010)59417747　59419778
社　　址　北京市海淀区西三环中路 10 号望海楼 E 座 7 层
邮　　编　100142
印　　刷　大厂回族自治县彩虹印刷有限公司
版　　次　2020 年 6 月第 1 版
印　　次　2020 年 6 月第 1 次印刷
开　　本　880mm × 1230mm　1/32
印　　张　6.5
字　　数　116 千字
书　　号　ISBN 978-7-5139-2961-5
定　　价　45.00 元

前言

PREFACE

在生活中，人们常常会遇到一些财务困境，他们懂得致富的知识和方法，不缺乏赚钱的能力和技能。但他们仍然会因为财务问题而感到焦虑。如果将这一切都归因于行动力不足、无知无能，则是将问题简单化、表面化了。

深究生活中的财务问题，更多的是反映思维、观念、认知等内在心理层面的问题。思维方式的差异，认知层次的高低，心理状态的平衡与否，往往是导致财务问题的关键因素。从表面上来看，金钱是一连串的数字，财务问题也只是数学问题，但实际上并非如此。

通常来说，观念对路、心理健康、认知正确对财务状况有莫大的帮助。而财务状况良好，也有助于人的心理健康、人格健全。因此，树立正确的金钱和财务观念，深化个人的认知水平，有利于我们真正变得富有起来。

致富的经验可以讲述，思想、方法、知识也可以传授，但观念水平的提高是需要经过自我实践才能达成的。所以，如果你想要成为一个富有的人，那么你就要从自己的观念和认知入手。

对于生活拮据的人来说，革新自己的理财观念更是迫在眉睫的事情，因为一个人的理财观念出现问题，他的思考方向也会出现问题，从而导致解决问题的方法毫无成效。连自己的生活都过不好，更不用说让自己变得富有了。只有改正过去的错误理财观念，才能改变自己的命运，真正地拥抱财富人生。

即便你已经有钱了，也要注意完善自己的理财观念。英国著名的财富思维作家塞缪尔·斯迈尔斯说："一个人如果只是在拥有钞票的数量上发生了改变，而在生活和思想上的其他方面并没有任何有益的变化，那么这些钱就没有任何意义。它甚至还会把一些意志不太坚定的人引入歧途。致富的结果固然重要，但如果能够在财富增长的一点一滴中，充实你的精神和修为，那样的财富累积才会有更大的价值。"

本书从理财观念与认知的角度入手，刷新财富认知、建立理财新观念，针对人们的财务焦虑提供了相应的心理支持与解决方法。虽然以理财观念为主要叙述对象，但其中提到的一些认知方法是切实可行的。无论你是处于财富积累阶段，还是处于财富保障阶段，抑或是财富充裕阶段，都可以使用本书中的方法改善自身的财务状况。希望每位读者都能通过自身的努力，改善自身的财务状况，并拥有健康幸福的财富人生。

目录

CONTENTS

第一章　财富思维：为什么理财观念很重要

第二章　改变认知：为什么我们不能变得富有起来

第三章 告别误区：树立正确的财务自由观

第四章 命由己造：我的人生是我造就的

第五章 致力创富：为自己的梦想全力以赴

第一章

财富思维：为什么理财观念很重要

理财观念是一个人内在思想的体现，好的理财观念成就财富人生。本章将讲述理财观念与财富人生的因果关系、理财观念与理财实践对个人财富成长的重要性，让你能够提纲挈领地抓住财富成长的关键所在，走上正确的财富人生之路。

内在思想决定外在人生

古代有两个老农聊天，畅想皇帝的奢华生活。其中一个说："我想皇帝肯定天天白面馍吃到饱！"另一个说："不止不止，我想皇帝下地用的肯定是金锄头！"听了这个故事，许多人都觉得好笑。

这个小故事其实揭示了一个很实在的道理：我们都活在自己的思想观念里。在老农的思想观念里，皇帝的生活就是天天吃白面馍，下地用金锄头。对于老农来说，天天吃白面馍，下地用金锄头，就是自己梦想中的生活。

思想观念建构了我们的世界。这句话看似唯心，却是真相。生活中常听一些人说："如果我有钱，我会比马云做得好。""如果我有钱，绝对比王思聪厉害。"其实未必。美国国家经济研究局做过一项调查：近20年来，欧美彩票头奖得主，5年之内破产率达75%。为什么会这样？因为他们虽然有钱了，但思想层次并没有提高。长期陷入恶性循环的人，即便偶尔暴富，也会很快变穷。

一个人的理财观念有问题，即便突然有了很多钱，仍然不能改变其内在的属性。生活里我们肯定讨论过这样的问题："如果你买彩票中了500万，你想做什么？"其中有人说："我要是中了500万，还做什么，把钱存起来，光吃利息也够每个月的生活费了。"其他人都纷纷嘲笑："有这么多钱，不好好享受人生，就想着吃利息，太没有出息了吧。"

你看，我们能够想到的最美好的生活，也就是我们观念中的生活。其实那些发出嘲笑的人，理财观念未必优于那个靠吃利息过日子的人。许多人一朝富有，往往只是过一种自己原来认知中的富人生活：挥金如土，无所事事，游手好闲，坐吃山空。而能够想到把钱存银行吃利息，已经是较高水准的财务操作了。

不改变自己的理财观念，想当然地以为有钱了就应有匹配财富的生活，这样的人，即便意外大发横财，财富往往也会很快流失。因此，当你拥有一笔财富时，首先应该做的是改变自己的理财观念，磨炼自己的理财能力，让自己能够配得上这笔财富。

假如你还没有很多钱，那么你更需要改变自己的理财观念。真正能够带给你大量财富的，是你的头脑，而不是别的。美国石油大王洛克菲勒说："即使你们把我身上的衣服剥得精光，然后把我扔在撒哈拉沙漠的中心地带，但只要有一支商队从我身边路过。我就会成为一个新的百万富翁。"

这句话听起来似乎有“富人天生注定是富人”的意思，其实洛克菲勒所讲的是他的理财观念和思想。在电影《1942》里，走在逃荒路上的老东家范殿元说了一句话：“我知道咋从一个穷人变成财主，不出十年，你大爷我还是东家，那时候咱再回来……”这句话讲的同样是拥有理财观念和思想。拥有理财观念和思想，即便你没有大富，但最终也不至于贫困。

即便遭遇危机，跌落尘埃，只要理财思想仍在，便能重新站起来。像褚时健、史玉柱，都是具有理财思想的人。有很多原本富有的人垮掉之后，就再也没有崛起，就是因为他们的富有并非源于思想和观念层面的提升，而是由于身份、地位、时代、运气等外在因素所致。只有真正懂得理财内涵的人，才能经受住起伏颠簸的人生。

财富心语

你能拥有的世界，就是你思想里的世界。你所能获得的财富，就是你理财思想观念里的财富。你的理财观念，决定了你的财富上限。没有与之匹配的理财观念，即便一夜暴富，也不免重归于贫穷。而有了与之匹配的理财观念，即便一贫如洗、负债累累，仍然可以重新走上财富巅峰。

诚于中，形于外

思想观念非常重要。一个人的观念若是有问题，即便知道某种先进的理财方法，往往也无法运用于实践。这就好像电脑的运行模式：配置低的电脑无法运行先进的操作系统，落后的操作系统不能运行先进的软件。

不知道你有没有这样的感受：面对同样一件事因为个人的思想观念存在问题，有的人做得很好，而有的人却总做不好。这并非奇谈怪论，而是事实。

举个例子，有的孩子，在人际交往和待人处事方面，往往具有极强的主动性和灵活性；而有的孩子，则往往很难适应这种积极的人际环境。即便你提醒他：要主动一点，灵活一点。他明明听了你的话，但就是做不好。为什么会这样呢？

因为有的孩子从小在复杂的人际环境中长大，耳濡目染之下，使得思想观念不断受到强化训练，他不仅适应这种复杂的人际环境，还会积极主动地去应对各种复杂的问题。一旦问题来临，他就能快速地应对，不需要过多思考。

而有的孩子，他们从小很少或根本没有接触过复杂的人际环境，比较适应那种简单的沟通模式，而人际环境突然放大，或者沟通模式变得复杂，他们往往就会应付不过来。一旦遇到复杂的问题，他们的第一反应不是想办法去解决，而是觉得麻烦、困难。不是他们不想积极主动地处理复杂的人际关系，而是他们的思想观念里没有这些东西，他们所遇到的是完全陌生的世界，自然就不知所措。

正所谓："诚于中，形于外。"一个人的思想观念里有交际、有生意、有财富，他才会有人脉、有商路、有资产。一个人的思想观念里有钱，他才会真正赚到钱。

理财也是如此。如果理财观念有问题，想要扭转财务困境，实现财富梦想是很难的。有的人赚钱能力很强，但不懂得储蓄；有的人懂得储蓄，但不懂得消费和投资；有的人沉迷于消费，忽略了自己赚钱能力的大小；有的人热衷于投资，忽略了风险的存在；有的人总是看到风险，不敢尝试投资。这些其实都是因为个人的理财观念存在问题导致的。

许多人在遭遇财务困境后，常常将之归咎于不当的理财方式，而忽略自身理财观念的问题。即便是一些有钱人，也常常因为理财观念存在问题而导致财富增长出现问题。有些人因为理财观念的问题，错过一些巨大的财富增值机会；有些人因为理财观念的问题，导致资产重大损失，甚至破产。

不要小看理财观念的问题，你想要富有，就要具备相应的理财观念，否则，即便获得财富，也无法留住财富。

财富心语

有什么样的财务理念，就会表现出什么样的财务行动。认为“钱就是用来花的”，就会常常表现出花钱的行为；认为“财富是积累出来的”，往往就会热衷于储蓄。任何财务理念都可以，只是要知道其中的优点和缺点，更要知道是否适合自己，是否适合当前的财务状况。

知道≠理解

理财观念如此重要，那么是不是知道了理财观念就能成为大富翁呢？显然不是。有的人每天都在学习各种理财方法，研究各种理财思想，但是自己的财务状况始终得不到改变，就是因为理财仅仅知道是不够的，还需要真正的理解。

许多人所谓的“学习”，其实是“记忆、记录、记住”，而不是“理解”。他们学习理财观，只是记住了相应的概念，却完全不理解其中的内涵。他们可以将这些概念说得天花乱坠，但他们看不到这些概念背后的智慧，也无法运用这些智慧来解决自身的财务问题。

没有真正学会，却以为自己已经学会了，这是一种什么样的状态呢？打个比方，一个人蒙着眼睛站在悬崖边上，却以为自己还在宽阔平坦的操场上，他还想奔跑，你说危不危险呢？仅仅记住了理财观念和知识，却以为自己深谙理财决窍，就是这种人。

无论他知道多少理财观念和知识，都于事无补。

这就是为什么有的人对理财知识孜孜以求，做到了所谓“诚于中”，却始终不能“形于外”的原因。他只是知道而已，并没有真正理解和掌握。

一定要注意，“学习”不是“记忆”。不要误解学习，更不要将记忆当成学习。若是认为只要记住了理财知识，就等于掌握了理财知识，这是不对的。只有真正理解了理财知识的思想内涵和内在逻辑，可以用于改善个人的财务状况，才是真正的学会了理财。

而且，理解也有层次之分。比如对“存钱”的理解，有人将钱放进银行，有人将钱放进货币基金，有人将钱放进P2P，有人将定投指数基金当成存钱。每个人对“理财”二字的理解层次也不同，即便采取相同的理财方式，最终也会导致不同的理财结果。

财富心语

- 深入理解理财知识，将其才能真正运用于生活，使得财富增长。如果一知半解，就以为自己掌握了理财知识，贸然地运用，则可能带来不良后果。这样很容易损害你的理财信心。因此，不要简单地、模式化地套用别人的理财计划，而应该根据自身情况和财务目标，制订属于自己的理财计划。

改变人生的秘诀

要改变财务状况，就要改变理财观念，而要改变理财观念，就必须行动起来。面对不佳的财务状况，只是心里想一想或嘴上说一说“我要改变”，这是无济于事的。真正想要改变，没有理财实践是不成的。

换句话说，一个人不愿意理财，你告诉他再多的理财方法、理财思路，也是没有效果的。你认为自己授人以渔，教会了他高明的理财方法，但在他那里，其实你所说的理财仍然只是空洞的道理、知识、理论，根本毫无意义。

财务状况的改变离不开理财观念，更离不开理财实践。理财观念是指导，理财实践是验证，二者之间存在相互促进的作用。理财观念引导人们展开理财实践，而理财实践获得的理财经验又可以改变原来的理财观念。通过理财观念与理财实践之间不停地相互作用，我们才能革新理财观念，获得成长，并改善个人的财务状况。

价值投资的行为就是理财实践。人们知道巴菲特的价值投资方法后，很容易形成一些价值投资的理财观念：买传统企业股票；买股票就是买公司；越跌越买，长期持有。但实际上这些理财观念是存在问题的。

有人按照这种理财观念进行理财实践后发现，没买的互联网成长股价格飙升，而自己买的股票成为老大难；买了公司股票连向公司提建议都做不到，根本没有办法参与公司的管理，更没有办法左右公司的决策；遇到决定公司生死的突发事件，仍然无脑买入，越跌越买，所谓长期持有，其实是毫无理性地被套。

于是根据实践的结果总结理财经验，形成价值投资的新观念：买处于快速成长期的企业股票；前往公司经营场所和生产地进行调研，结合实际的市场情况进行投资决策；遇到公司发生黑天鹅事件，有极大破产风险，或者基本面发生根本性转变，失去较高的成长性，需要离场观望。

从这个例子中，可以看出观念革新的过程：初步形成价值投资的理财观念→经过价值投资的理财实践→总结经验教训形成更清晰的价值投资理念……这个过程无限螺旋式向上（只要你想进步，没有上限），并且其影响会不断扩展开来，不仅影响你的财富量级，还会影响你人生的方方面面。

在生活和工作中，除了极少数的天才创富能手一朝顿悟大发其财之外，绝大部分人都需要在积累经验的过程中逐渐成长和进步。假如在这个过程中，我们没有获得经验或者干脆不去实践获得经验，那就无法获得成长。相反，如果我们能够积极地投身于理财实践过程中，不断积累经验和财富，那么我们就可以真正成长起来：不仅财富得以成长，思想也会得以改变。

进行实实在在的理财实践，是改变财务窘境、成就财富梦想的有效秘诀。

财富心语

没有实践，就没有真正的经验，拥有的只是理论而已，没有实际意义。我们想要改变自己的命运，改变自己的财务状况，就要切实地行动，从而收获丰富的人生经验，让自己和自己的财富得以成长，这就是财富人生的秘诀。

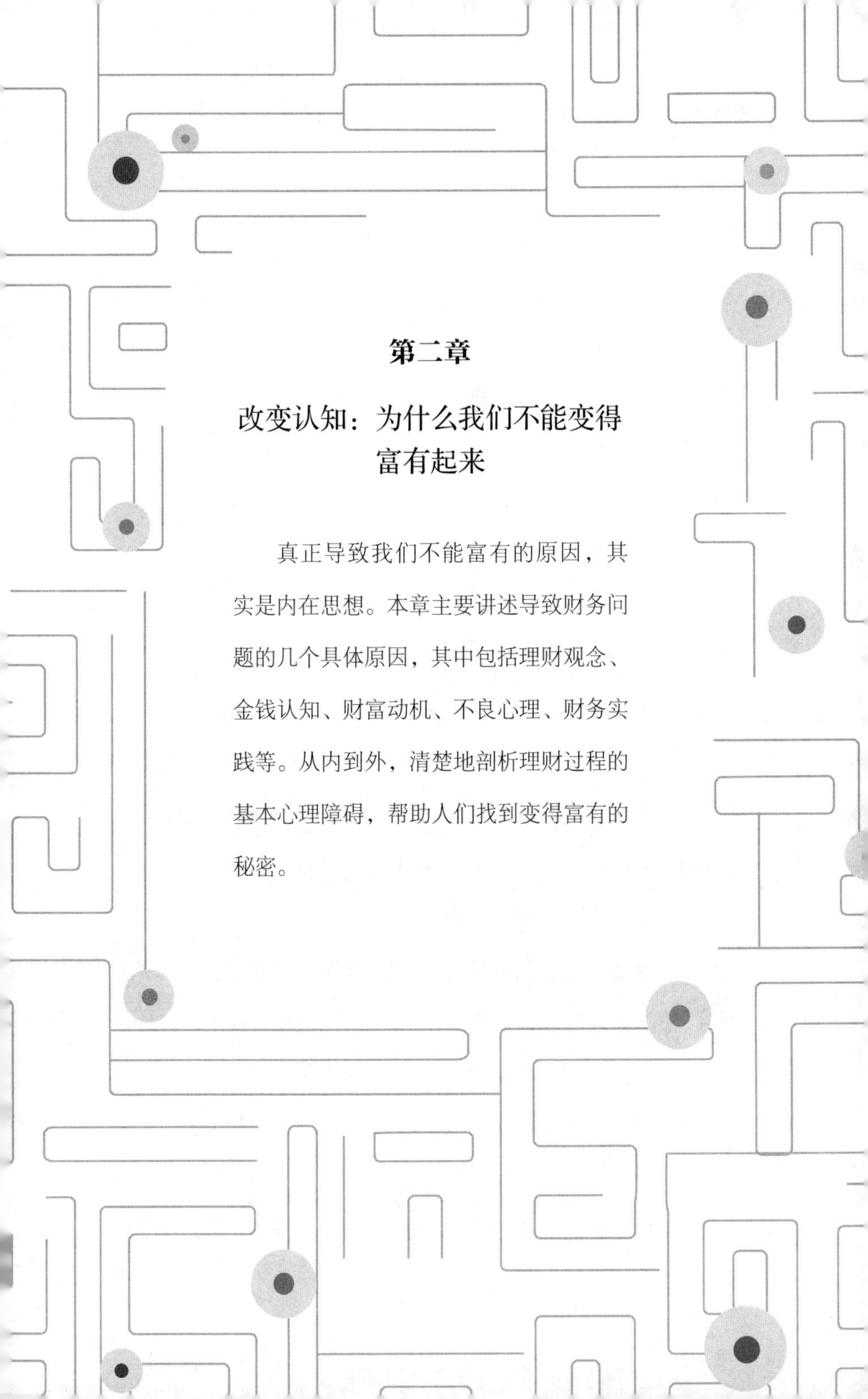

第二章

改变认知：为什么我们不能变得富有起来

真正导致我们不能富有的原因，其实是内在思想。本章主要讲述导致财务问题的几个具体原因，其中包括理财观念、金钱认知、财富动机、不良心理、财务实践等。从内到外，清楚地剖析理财过程的基本心理障碍，帮助人们找到变得富有的秘密。

原因一：缺乏理财观念

我们常常觉得贫穷是因为没有钱，却很少想到导致贫穷的不仅仅是因为没有钱，还有可能是因为理财观念不成熟。将贫穷的原因归结于没有钱，是把问题简单化了，忽略了其中的关键。

一个热衷于花钱的人和一个热衷于储蓄的人很容易发生矛盾，一个习惯于投资赚钱的人和一个习惯于上班赚钱的人也会发生争吵。你批评他："浪费！"他批评你："抠门！"你批评他："脑子太笨！"他批评你："游手好闲！"

这就是理财观念不同带来的冲突。有人说："这是钱多钱少的问题。如果钱足够多，不管理财观念是什么样的，都可以满足，哪里还有什么争吵和冲突？"可是事情没有那么简单，钱足够多，到底怎样才是足够多呢？一千万，两千万，还是一个亿，两个亿？

有的人即使拥有亿万财富，最后也难逃破产的命运，这是为什么呢？其实真正的问题存在于理财观念之中，而不是钱的多少。

事实上，金钱足够多，并没有解决理财观念弱的问题，只是将问题掩盖了起来，最终让人忽略它的严重性。

而当掩盖的问题真正爆发出来，人们又常常简单地将各种罪名安在金钱的头上，习惯于将金钱当作解决问题的唯一工具，而不是认真分析，找到真正的问题所在。表面上是钱的问题，很多时候可能是理财观念的问题。

问题看得清楚，才有解决的可能。现实生活中很多人为钱争吵，认为一切都是金钱的问题，是钱多钱少的问题，是钱够不够的问题。其实大部分的问题是理财观念冲突的问题。

有的人内在的理财观念，往往也存在冲突问题。一会儿觉得存钱很重要，一会儿觉得花钱很重要，不知道平衡，不懂得规划好存钱与花钱的事，很容易导致观念性冲突，带来财务混乱的状况。

花钱舒心的时候，就忘记了储蓄的重要性；而一味沉溺于储蓄中，忽略改善生活的需求，则失去了赚钱的意义。

不要总是将一切问题的原因归结于金钱，不要总以为解决问题的办法是只要有钱就行。不要停留在这种简单思路上。我们需要动脑筋去寻找问题的真正原因，如果没有钱，那怎么办？

答案是从改变个人理财观念开始，学习理财新观念。如果说导致贫穷的原因是没有钱，那么没有钱的原因与理财观念也是有关的。记住，拥有正确的理财观念是富裕的保障。

财富心语

没有理财意识很难保持富有，即便能够赚到很多钱，财富往往也会很快流失。财富需要精心管理才会得以增长。就好像我们的生活，若是放任不管，毫无规划，就会变得一片混乱。财务问题的发生很多时候都是因为理财观念有问题。

原因二：错误的金钱认知

在生活中，有不少人赚钱能力强，也有一定的理财意识，但时不时地就会遇到财务困境。平时看着挺有钱的，生活水平也都挺好，可是一旦遇到需要钱的时候，却总是拿不出来。看起来这似乎是因为不会攒钱带来的问题，但其实问题没有那么简单。

金先生就是这样的人，他的工作能力很强，收入水平也比较高，但是工作了8年，他并没有存下钱。每当他挣到一笔钱，他就不想工作，只有等花掉所有的钱，他才会再次产生挣钱的动力。为什么会这样呢？

当你问他对金钱的看法时，他会说："挣钱挣到什么时候才是头呢？钱够用就好。那么累干什么呢？累坏了身体，不值当。"结果，他几乎没有存款。

其实金先生的挣钱能力挺强的，但他就是那么慵懒。每当挣了一笔钱，很快就花完。很明显，在他的观念里，挣钱与不健康是连在一起的，所以潜意识里他就不会想去赚更多的钱。因此，造成他不富有的原因，不是他懒惰，也不是他不存钱，而是他对金钱的认识有问题。

在生活中，经常听到这样的话：金钱乃万恶之源；有钱人都很贪婪；有钱人都很吝啬；有钱人是狡诈的；有钱人充满了罪恶；金钱买不来快乐；贫者越贫，富者越富；富人的钱都不干净；年轻拿命换钱，到老拿钱换命……还有更多将金钱描绘成“罪恶”代表的观念。

然而，这些认知都是错误的，如果任由它们停留在你的思想当中，将会阻碍你变得富有。因为你打心眼里觉得有钱就是罪，没钱就不会有这样的道德负担。所以每当你挣到一点钱，就会不自觉地花掉。

不要小看这样的负面认知，其实它往往潜藏在你的潜意识中，反映在你的理财思维里，体现在你的理财行为中，最终表现在你的理财结果上。当你不想挣更多的钱时，金钱自然不会到你的身边来。那么潜藏在我们潜意识当中的这些负面的金钱认知是从哪里来的呢？

一般来说，一个人对金钱的认知主要来自家庭教育。金先生之所以有这样的认知，与母亲的教育有很大的关系。

金先生的父亲早年因为拼命赚钱而猝死，这件事对他的母亲打击很大。因此，从小到大母亲就告诉金先生："人要知足，有吃有穿就是福，钱够用就好，不能太贪，挣那么多钱，生不带来，死不带去的，有什么意义呢。"

后来在外工作的日子里，他会给家中的老母亲打电话，老母亲也总是很担心地说："别太忙了，钱够用就好，身体要紧，累坏了身体不值当。"这样年复一年，日复一日，金先生对金钱就产生了这样的认识。

金先生已经习惯性地养成了"赚钱太多不健康，甚至短命"的负面认知，那么自然在他赚到一笔钱的时候，潜意识就会想着将它花掉。因此，无论他的赚钱能力有多强，始终都不会有富余的金钱积累，故而他始终都保持着这样一种不富有的状态。

你有没有类似的认知和经历呢？你的父母或生命中某个重要的人，有没有用他们的一片好心却教会你一些负面的金钱认知呢？其实只要你愿意去检查自己的想法，回忆自己的经历，就会发现很多重要的人在不经意间的语言表达已经在我们的心里根植了大片负面的金钱认知。

在小的时候，父母或长辈的言语教育和行为模式都在影响着我们的金钱认知。如果他们总是说金钱的坏话，我们很容易就觉得金钱不好；如果他们总是为金钱而争吵，我们也很可能会厌恶金钱，排斥金钱；如果金钱成为家庭的快乐之源，我们就可能会喜欢金钱，亲近金钱。

不仅如此，父母和长辈们的理财方式，也会对我们产生影响。如果父母理财非常保守，最终获得了幸福的生活，那么我们就很容易习得保守的理财方式，而如果父母理财保守，最终却没有收获幸福的生活，那么我们的理财方式就会变得冒险。有的父母赚钱依靠工作，有的父母赚钱则依靠开办企业；有的父母喜欢投资，有的父母喜欢储蓄。这都会给孩子的金钱认知带来影响。

还有一种情况，很容易改变我们的理财观念，那就是某些对人生影响重大的突发事件。比如本来衣食无忧的孩子，可能因为生意破产，天天有人来讨债，家庭瞬间赤贫。这种突然变故往往会改变他心中对金钱的认知。

又比如原本生活在幸福家庭里的孩子，有一天父母因为金钱的问题吵架，结果最终离了婚，孩子有可能会觉得金钱是个邪恶的东西，也有可能会认为金钱是幸福生活的保障。

突如其来的一些重大事件，特别是与金钱、财务直接相关的事件，改变我们的生活的同时，也会改变我们对金钱的认知，而这些改变就会影响我们的理财行为和财富结果。可以说，人生中的重大财务事件，往往会影响人们的一生。如果你发现自己不富有，那么审视一下自己对金钱的认知，这会有助于你了解自己的理财观念。

财富心语

你不喜欢的东西，就不会珍惜。你对金钱没有好印象，又怎么会珍惜金钱呢？想要真正有钱，你就要真正喜欢钱，认识到金钱能够带来的好处。想想金钱能够带给你的美好生活吧，只要你能够用好它，它就是生活中的天使。

原因三：求财动机不纯

有些人追求财富的动机不纯，最终陷入困境。对此，我们应该有所警醒，及时审视自己的理财动机是否有问题。尽量不要为了财富而步入歧途。当遇到不好的事情时，不要将问题归咎于财富，而应该将视线放在问题本身上。

同样，也不要将财富与安全感、幸福感等同。为什么呢？因为表面上安全感、幸福感是好的事情，但背后的潜在推动力其实很多时候是负面的：追求安全感是因为恐惧、害怕与不安，追求幸福感是因为不幸福。

不要将生活的一切都寄托于理财。只有你的心态足够好，你才能理好财，得到好结果。假如你的心态不好，动机不纯，理财很可能就会失败，导致贫穷。

一个焦虑的人，不会因为有了钱，就不再焦虑；一个没有安全感的人，也不会因为有了钱，就充满安全感。不要寄希望于用金钱来掩盖这些问题，如果你想解决这些问题，最好直接针对不良心理问题来制订对策，金钱并不是万能的。

有一些总想要摆脱工作的人将自由、轻松与金钱相连，觉得自己有钱就可以不工作，就可以自由、轻松了。其实，你要是将束缚、压力与金钱相连，最终结果必然是：钱挣来了，更多的束缚和压力也来了。

或许你会觉得，这些话似乎很荒诞。告诉你，这一点都不荒诞，事实就是如此。我们经常看到一些人用挥霍金钱来体会快乐、幸福、轻松、自由，其实就是这个原因。

生命中感到没有自由的人，总想着赚到了大笔金钱，然后就可以想干什么就干什么，无拘无束；生活得很紧张、压力很大的人，总想着赚到多少钱就可以安逸、轻松、没有压力。然而等他们赚到了一笔钱后会怎么样呢？

答案是：他们就会用自由或轻松的名义挥霍它。然而，钱花掉了，心情反而更加糟糕，因为他们得到的只是一时的快感，是自由和轻松的幻觉，不是真正的自由和轻松。为什么会这样呢？

只因他们的动机不纯，赚钱的动机不纯，理财的动机也不纯。他们错将金钱当作各种幸福的原因，却不知道金钱和各种幸福都是内在思想的结果。他们没有想过治疗自己的内在，却将辛辛苦苦得到的结果扔掉，这简直不可思议。

以恐惧为例，许多人没有意识到自己是把恐惧作为挣钱的主要动机。事实上为了安全感而赚钱就是将恐惧作为赚钱的动机。

不要将消除恐惧作为赚钱的动机，更不要为了安全感而花钱。我们可以为安全花钱，但不要为安全感花钱。

一个缺乏安全感的人，无论多么成功，拥有多少钱，都是不够的。一个觉得自我不够优秀的人，同样如此。对于内心不安的人来说，不良的心理动机才是不幸福的原因，而不是因为没有钱。因此，理财的过程中，要仔细地观察自己的内心动机。

不良的理财动机存在或许不影响挣钱，但它会影响人生幸福。如果你的理财动机来自负面的心理，比如欺骗、愤怒，或为了证明自己，你挣来的钱就永远无法带给你幸福和快乐。因为你无法使用金钱解决这些问题。

财富心语

不妨询问自己：我的理财动机是什么？尽量挖掘深层的心理层面，这样才能看到自己获取财富的真正动机。不要将财富与负面心理挂钩，财富就是财富，它不是解决各种负面心理问题的灵丹妙药。搞清楚这一点，不但能帮助我们走好创富之路，还能帮助我们完善自我，使我们的身心更加健康。

原因四：不愿改变自己

现实生活中有很多人不愿意改变自己，即便生活处于贫困的状态。有的人遇到了财务困境，明明知道自己的理财行为有问题，却不愿改变。就像有的人明明知道自己做错了事情，就是不愿意认错并改正。

洪先生以多次定期缴纳保费的方式买了一份保险，明显该保险买得不对，无论是保障上还是价格方面都不合适，相比之下还有更好的保险产品。但是该保险已经交了3年的保费。

理财师建议洪先生放弃这份保险，换成其他更适合的保险产品。但是洪先生不愿意放弃，因为如果放弃，之前交的钱就浪费了。理财师反复劝说他，如果不放弃，继续交下去才是真正的浪费钱。

其实像洪先生这样的心理很常见。特别是在一些股票投资领域，可以说经常遇到这样的情况。当你买进一只股票时，股价随之下跌，为了降低成本，减少损失，你便继续买进，可是它还是下跌……于是，你就陷入了尴尬之中，你再次购买的本意是想摊平损失，结果没想到的是越陷越深。

股票下一刻是上升还是下降？不知道。买还是不买呢？不买吧，先前已经投入了，若是退缩，购买成本就会越来越大，就算股票重新涨上来，赚的钱和成本相互抵消，什么都捞不着；继续买吧，要是继续下跌，损失也会越来越大。

这在博弈论上被称为“协和谬误”。当某件事情在投入了一定成本、进行到一定程度后发现不宜继续下去，却苦于各种原因而不得不将错就错进行下去，从而陷入一种欲罢不能、骑虎难下的境地。

如同赌徒输了钱，就想继续赌下去，希望能够翻本，结果输红了眼，越输越多，最终造成了骑虎难下的局面。其实，很多赌徒刚开始赌博时，就已经进入了欲罢不能的状态，他们认为自己会成为赢家。

导致这种内心博弈、难以抉择的情况发生，主要是因为人们具有憎恶损失的心理，但是人们往往没有仔细考量：当一项业已发生的成本，无论如何努力也无法收回的时候，就应该果断放弃。

当你开始理财时，就会发现你在理财的过程中会经常会遇到这样的情况。如果你总是无法忽视沉没成本，就容易造成财务上的损失。特别是一些投资行动，若总是过多地考虑沉没成本，而不能做出理性的行动，那么很可能会带来巨大的损失，甚至有可能会让你进入赌徒的状态，导致破产。

有很多人在做决策的时候，就容易受沉没成本的影响，因为不舍得前期的投入损失掉，最终跌入财务破产的深渊。

事实上，绝大多数人并非不知失败的结局，而是碍于已经为此投入的成本，舍不得就此放弃和改变原来的计划，想要“迎难而上”或者挺一挺，以至于一直犹豫不决，进入赌徒心理状态，最终陷入绝境。

假如你的理财行为不正确，或者不适合当下的情况，你是否愿意调整呢？假如你投资的股票不符合原本的预期，你是否愿意止损出局呢？

在理财的过程中，做好工作赚到钱固然重要，但及时回头，避免更大的损失，也非常重要。然而，当局者迷，在现实生活中，有很多人失去理性，使得自己在失误中越陷越深，最终引发大败局，走到无可挽回的地步。对这样的情况，我们要特别重视，特别是参与投资的人，更要引以为戒。

财富心语

理财投资要有相当的理性，不能固执己见，要懂得承认错误。特别是一些投资，认赔出局，承认自己的失败，才能避免更大的损失。在理财过程中，不甘心、不舍得、不服输都是很不理性的行为，会让人在失误中越陷越深，造成财务上的巨大损失。此时，及时认识自己的错误，果断退出，才是理性的行为。

原因五：没有切实行动

生活中，人人都想变得富有，而真正愿意行动的人其实并不多。经常听人说起自己的梦想：我要努力工作争取升职加薪，我要开家饭馆做大做强，我要……说了很多，完全没有行动，这样如何实现梦想呢？假如你想真正富有，就要制订相应的理财计划，并且切实地付诸行动。

思想可以指导行动，但只有思想没有行动是不行的。

大家都知道行动很重要，为什么仍然安于现状而不愿采取行动呢？最大的原因是恐惧的情绪。特别是进入没有接触过的领域，很容易产生害怕的心理。这是十分正常的情绪表现。通常遇到这样的情况，绝大部分人的做法是要么想办法解决恐惧情绪，要么等待内心平静。

只有少数人带着恐惧情绪上路，最终用行动征服恐惧，赢得了未来。在这个过程中，他们也明白了恐惧情绪的虚幻性。走出这一步后，从此他们便不再被恐惧阻挡脚步，行动变得非常迅速。

当我们执行理财计划时，不要被恐惧情绪阻挡，更不要与情绪纠缠，或等待情绪平复。当你迈出这一步，就会发现它们完全是我们自己制造出来的，根本不用在意。不要因为一些简单的事情放弃自己的理财行动，比如速度太慢、步骤太多、执行太难、记账太麻烦等。想一想，没有钱的日子，才是真正的艰难和麻烦。

和没有钱相比较，理财绝对是一件更为舒服、也更为美好的事情，即便其中会有一些难度，也不是放弃的理由。停留在不理财、想花钱就花钱的自由里，就会错过最佳的财富成长时间，也会损害未来的自由。如果不理财，不执行个人的理性计划，不改善当前的财务状况，你的生活就会越来越艰难。

有困难就想办法解决困难，使得原本的困难变得简单；有麻烦就想办法解决麻烦；步骤太多、流程太复杂，就想办法简化步骤和流程，提高效率。理财的方法太复杂，可以进行相应的改善和调整。重要的是你要快速行动起来，养成理财的习惯。

1. 改善财务状况，从记账开始

刚刚开始尝试理财的人，非常有热情，不仅制订了良好的计划，还特别认真地记账。可是这样的热情常常坚持不了多久。其实这只是一个习惯问题，如果能够坚持两三个月，也就完全适应了记账的生活。可惜生活中能够坚持长期记账的人不多。有记账习惯的人，个人的财务状况通常都不错。

现在有手机记账软件，而很多收支账单也往往通过手机来完成，使用起来非常方便，完全可以利用起来。

2. 改善消费状况，从节省开支开始

热爱消费的人要学会节省开支，避免冲动消费。在消费过程中，只购买必需品，同时避免重复购买。最好选择极简主义的品质生活方式。平时遇到需要购买的东西，可以先记在清单上，选择某个时间一起购买。这样做有两个好处：一是不会忘记需要购买的东西；二是提供犹豫期，也许当下想要购买，过两天再看清单，就发现没有必要购买了，这样可以避免购买不必要的东西，帮助节省开支。

3. 改善资产净值，从投资开始

不要以为投资是有钱人的事，越是没有钱，越需要学习和了解投资。如果没有很强的赚钱能力，仅仅依靠储蓄和工作的收入，想要成为富人是比较困难的。投资是走向富有的必修课程。即便你手上没有多少钱可以进行投资，也要马上开始学习投资。等你有了投资的想法，就可以直接开始投资计划，而不需要放下

时间来学习。

总而言之，理财需要切实的行动。不能只是停留在想法上，仅仅依靠想法是不可能改变我们的财务状况的，唯有切实的行动才能让财富成长起来。财富不会自动增长，需要我们运用智慧和行动才能获得。

财富心语

虽然我们说理财观念决定了财富的状况，但不能否认行动的重要性。没有行动，即使有正确的理财观念，也不会产生好结果。财富需要通过行动才能创造出来。如果你有理财的想法，就要行动起来，并坚持下去。

第三章

告别误区：树立正确的财务自由观

财务自由是流行的理财概念，也是众多理财专家使用最频繁的词汇。处于财务旋涡的人，对这个词语更是浮想联翩。人人都想财务自由，本章主要讲述人们对财务自由错误的理解，帮助读者领会真正的财务自由，从而找到属于自己的财富目标。

误解一：追求一劳永逸

很多人眼中的财务自由，往往极为简单：有一定数量的钱，然后一辈子都花不完。为此，许多理财专家都在为人们计算实现这样的财务自由具体需要多少钱。他们总是一厢情愿地计算出一个数字，甚至连需要怎么做都写清楚了，然而除了吸引眼球、引发热议之外，它对真正想要致富的人毫无益处。

很明显，在这些理解当中，很多人所说的财务自由其实是指赚到很多钱可以一劳永逸的生活。赚到的钱够一辈子花销，再也不用工作和忙碌了。这就是大多数人理解的财务自由。

如果你眼中的财务自由是这样的，那么很可能你一辈子都实现不了，并且会一辈子都感到难以舒展怀抱。财务自由不是不工作，而是逐渐不做低质量、低价值的工作。这个世界上除了游手好闲之徒，又有几个真正的有钱人会不工作呢？你去看看王健林，他还在工作；你去看看马云，他还在工作。

事实上有很多富豪、名人，已经挣够了一辈子生活的钱，但他们即便已经退休了，仍然还在工作，他们享受工作。你没有看错，他们从工作中不仅能找到乐趣，还能找到成就感，找到更多的财富。

而且，他们不仅不放弃工作，还愿意做更多的工作。有些企业经营者、管理者还兼职做策划工作、产品经理，还有跨界兼职作家、讲师、演员、画家、演奏家，他们总是想要去尝试更多的职业，参与更多新的工作方式，不仅是为了提升个人的能力，也是为了实现自身的价值。

工作不是财务自由的敌人，而是财务自由的忠实伙伴。财经作家欧成效说："人们对财务自由有一个很大的误区，就在于很多人认为，财务自由，就是挣一笔钱，足够花，此后，再也不用付出，再也不用劳动，想做什么做什么，彻底实现自由。"这样的思想比混吃等死的思想更加危险。

需要说明的是，根本没有一劳永逸的财务自由。一劳永逸的财务自由认识，其实是不可取的成功学思维，比如上学的时候常常会想"考上好大学就轻松了"，毕业走向社会常常会想"找份好工作就轻松了"，进入职场工作后常常会想"做了管理岗位就轻松了"，等等。基本上这些都有"一战而定天下""毕其功于一役"的想法。最终导致的往往是急功近利和焦虑的心态。

在我们的社会里，有很多人想三十岁之前实现财务自由，甚至因此铤而走险，毁掉了自己的一生。人生是不断成长、不断蜕变的过程，这个过程是没有终点的。因为人生问题总是一个接一个，没有终点。求学之后会工作，工作之后会结婚生子，结婚生子之后会有中年危机……我们可以停下来看看风景，但无法停下前进的脚步。

学习和工作是帮助我们成长和蜕变的最好方式，不仅能让我们获得知识和财富，还能给予我们思想和能力，让我们可以解决人生旅程中的问题。可以这么说，没有学习和工作，人生也就很难获得进步。即便到了七八十岁，只要你愿意学习和工作，它们也不会辜负你。

学习、工作从来都不是我们的敌人，我们努力奋斗不是为了摆脱学习和工作。考上好大学、找到好工作、进入管理岗位，也绝不是为了轻松，而是为了让我们有机会接触并解决更多、更大的问题，使我们的能力得到更好的发挥。走到重要的岗位上，普通人想的是“升职加薪，工作轻松”，而有理想、有目标的人往往想的是“如何在更大的平台可施展我的天赋和能力”。

正所谓“韩信点兵，多多益善”。他们似乎很早就意识到“不能浪费自己的天赋和能力”，按理说他们已经挣到了很多钱，但仍然没有要停下来的意思。比如有些有经营才能的人，开了一家公司做得很不错，他们要么想着扩大产业规模，要么想着在其他领域开公司。他们觉得自己正好有这方面的经营才能，不发挥出来是浪费了才华。

很多有理想、有目标的人都有这种莫名的使命感。当他们意识到自己的能力所在，并且运用能力创造出大量的财富后，几乎没有谁会停止脚步而选择安逸。安逸这种东西似乎很难在有钱人的头脑里生存。倒是他们总觉得人活着就应该想问题、做事情，无论自己拥有的钱多钱少，都不是选择安逸的理由。你可以说他们贪婪，但对他们而言，这样做完全与贪婪无关，而是天经地义的事。

想要实现财务自由，就不要在自己的脑子里放入安逸的思想，更不要将学习、工作当成需要摆脱的目标。一劳永逸的财务自由是不存在的。如果有这样的财务自由，那么最终造就的结果只会是让一个本可以施展更多能力和天赋的人最终荒废了自己的非凡天赋和能力而已。这就好像古代许多皇帝追求长生不死和安逸享乐，最后白白浪费了自己所拥有的力量。

财富心语

财富积累的阶段，不要有安逸的想法，也不要抱着一劳永逸的财富观念。因为这种观念，骨子里是贪图享乐、缺乏耐心的心态，长期以这样的心态去工作和创造财富，只会时刻想要撂挑子，根本不会有好的结果。

误解二：追求一夜暴富

有人询问股神巴菲特："为什么你的投资方法如此简单，而许多人却做不到呢？"巴菲特意味深长地说："因为没有几个人愿意慢慢地变得富有。"这句话道出了人们内心的一个秘密，那就是希望赚快钱、一夜暴富的心理。

在网络上，我们都听说过这样一句话："何以解忧，唯有暴富。"快速致富成为人们的追求。其实许多人的头脑里都是这么想的：赚钱当然要快，要不然等到年纪大了再有钱，该享受的东西也享受不了，那钱又有什么用呢？

年轻的时候正是最需要钱的时候，却又是最没有钱的时候。没有钱，想买的房子买不起，想去的地方去不了。这都是相当现实的问题。所以，每个年轻人都渴望能够快点发财。

相信你也有过快速发财的心思，甚至还因为这样的心思吃过很多亏。你会羡慕那些站在风口的牛人，看着他们乘风而起，成为富豪和时代的先锋，内心不仅渴望，还很焦虑。因为富豪们致富的速度一个比一个快，而你始终都没有成为他们中的一员。

但是发财的机会是急不出来的，特别是暴富的机会，更加是可遇而不可求的。那些找到风口，并且乘风而起、一飞冲天的人都是非常幸运的人。你如果想要成为他们中的一员，最靠谱的方法不是跟风，而是埋头于一个领域，然后付出时间去深耕它，等到风来之时，才有可能抓住它。

总是试图去赚快钱，恰恰是毁掉一个人最好的方式。

小李从名牌大学毕业，学的是应用心理学，后来进入一家知名的心理咨询机构担任咨询师助理，上司对他很重视。可是小李一门心思想挣钱，除了做咨询师助理之外，他还跨领域做了很多兼职工作，做过公众号，做过微商。他说："挣钱就是要趁年轻，尽早实现财务自由，这样才能做自己想做的事情。"

上司看到他的心思那么杂，便好心劝他："要实现财务自由其实很容易，你打好基础，在心理咨询这个领域深耕几年，成为资深的专业人士，钱自然就会有的。"然而，小李根本听不进去，只是一门心思想要快点赚钱。

其实心理咨询师的需求量越来越大，而且因为专业性很强，行业门槛也很高，刚刚毕业的学生，需要经过一年的实践学习，通过考核才能独立展开咨询工作。结果一年之后，同批的实习助理都通过了考核，唯有小李没有通过，无法独立工作。

如果你总是想赚快钱，把全部精力和时间分散到各种赚钱的渠道，那么必然意味着你无法在某个领域深耕，让你失去成为专业人士的机会。由此可见，一夜暴富，赚快钱，有多么可怕。年轻的时候，可以靠体力赚钱，但如果没有在某个领域的深耕，没有深厚的积累，最终会发现随着年龄的增长，你会贬值。

在投资领域，那些厉害的投资高手，都不会追求短平快。股神巴菲特的财富是他长期深耕价值投资思想的结果。找到好的投资目标，然后一点点买入，等待未来上涨的机会。

很有意思的是，巴菲特还推荐过一个慢慢致富的方法：定投指数基金。选择大盘指数基金，然后将每个月薪水的一部分买入该指数基金。持之以恒，也不影响工作。就这样等牛市到来，很轻易就能够使得财富积累翻上三四倍，甚至更多。

然而很遗憾，正如巴菲特所说的“没有几个人愿意慢慢地变得富有”，真正能够采用定投指数基金的方法进行理财投资的人少之又少。人们都得了发财焦虑症，渴望暴富。

其实，面对任何风口机会，我们都应该学会坚持与等待。在暴富到来之前，做好准备。在这段时间内，努力赚取本金，同时学会正确的投资方法。只有这样，等风到来时，你才能抓住一夜暴富的机会。

焦虑是毫无意义的。即便你没有抓住某次暴富机会，也不用感到焦虑。你的创富动机不是为了与人比较，也不是追求胜负的快感。你的目标是获得金钱，为自由和幸福的生活增添色彩。

能够带来暴富的，往往是一些特定的机会，往往是可遇不可求。但进入时代发展大趋势的新兴行业之中，往往更加容易获得这样的暴富机会。比如互联网兴起的千禧年，互联网公司的薪水也超越诸多行业；又比如移动互联网时代，同样造就了一大批快速致富的人。

而要想在那个时候站在风口上，不错过这样的互联网时代暴富机会，你就要有相应的互联网知识和能力，如此才能创办一家互联网公司或者进入某家互联网公司，从而分享互联网爆发性红利。

同样的，人工智能时代到来之际，许多企业和富人都在为这个机会进行资源与知识储备，国家也在大力推动它的发展，大学纷纷设立人工智能专业，为新兴行业提供人才储备。这些情景与当年计算机时代兴起的情况如出一辙。

暴富机会总是存在的。只是许多人不知道该如何抓住这样的机会。我们不是排斥一夜暴富的机会，而是排斥那种总想赌一把赚轻松钱的错误认知，以及盲目追求暴富机会的焦虑和浮躁心态。事实上，许多人认知中的一夜暴富都是错误的，在他们的眼中一夜暴富就是撞大运，就是赚轻松钱。这种认知是表面的，并没有真正看到问题的实质。

财不入急门。不要盲目地追逐一夜暴富的机会，也不要为错过某些暴富的机会而失落，更不要陷入焦虑和浮躁的心态中。先解决自己的认知问题，端正自己的创富和理财心态，保持一个清醒的头脑，厘清自己的理财思路，规划好自己的职业之路，这样才能在暴富机会来临时抓住它。

其实在我们眼中的那些一夜暴富的人，都有几年甚至十几年的默默积累与准备，如马云、马化腾等。他们常年埋头于一个新兴行业，十几年如一日地耕耘着，准备着，等待风来。在这个耕耘与准备的过程中，遇到很多的风雨，也有无数的人坚持不住，有无数的企业走向失败。春来秋去，起起落落，一朝风来，鸡犬升天。

所以，不要总是着急地去寻找风口、追求暴富，于是焦虑不已，不知所措。我们不能被焦虑和急切的发财心思蒙蔽了心智。其实，如果有稳定的心态，按照巴菲特所讲的定投指数基金的方法去做，然后好好工作，就可以在数年间获得很大的收益。

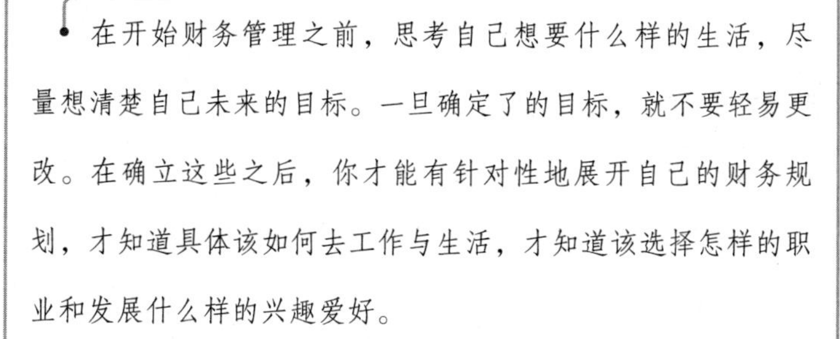

财富心语

在开始财务管理之前，思考自己想要什么样的生活，尽量想清楚自己未来的目标。一旦确定了的目标，就不要轻易更改。在确立这些之后，你才能有针对性地展开自己的财务规划，才知道具体该如何去工作与生活，才知道该选择怎样的职业和发展什么样的兴趣爱好。

误解三：追求盲目独立

冯小姐是一名财务专员，28岁，凭借着多年的财务工作经验，让她的财富得以稳步增长，2016年这年她已经有了大约90万元的存款，当时互联网金融很火爆，于是冯小姐辞去原来的财务会计工作，选择进入互联网金融公司工作。

冯小姐一直觉得自己很独立，并提倡女性独立。她认为女人就应该按照自己的意志生活，她经常会选择一些不错的地方去旅行。她特别喜欢小城清迈，已经去过好几次，甚至有想要在那里定居的打算。

后来遇到了P2P公司倒闭潮，她所在的互联网公司也因为资金链断裂的问题，最终走入破产行列。本来这也并不算什么大问题，她不过是失去一份工作而已，但糟糕的是，因为看好互联网金融的未来，她认为自己站在了风口上，所以将自己的存款买了公司的大量理财产品。结果可想而知，最终这些理财都无法兑现。

冯小姐多年的积累在短短的时间内都损失殆尽，这个巨大的打击瞬间击垮了她的自信心。财务破产后，她才发现自己似乎高估了自己的承受能力，至少她并没有自己想象的那样坚强，所谓的独立不过是一场幻觉。

现在的她开始怀疑自己能否独自应对生活中可能出现的风险，甚至想是否该去找个人结婚生子。毕竟她实在无法想象再花七八年的时间去重新积累财富，她说："我不再那么相信自己的专业、能力，甚至根本不知道还可以相信什么。"

有人认为，冯小姐的问题在于没有风险意识。其实并不是这样的。真正的问题是她没有真正理解独立的含义。所谓独立，对许多人来说很多时候是一种幻觉。鲜花着锦、烈火烹油之际，便觉得自己独立、强大，等到繁华落尽，无所凭恃时，才发现自己其实既不独立也不强大。

其实冯小姐才28岁，即便工作到40岁退休，她还有10多年的时间，如果能够立定脚跟，重新再来，依然可以变得富有。而这次失败的经历，正好可以给她提供一个学习和自省的机会。

人生之幸福，个人之独立，与金钱是息息相关的。但不要被金钱蒙蔽了双眼。金钱的光芒有时会掩盖我们人生当中的一些大问题，比如自己的生存技能、心态修养等。在金钱充足的情况下，我们可能看不到这些问题，然而一旦金钱方面出现问题，以前被掩盖的问题就会凸显出来。由于根本没有思想准备，直接就会导致人生溃败。

在生活中，还有其他类似的例子。比如，平台优势、时代风潮等，帮助一些人实现一夜暴富的财富神话的同时，也在一定程度上掩盖一些人身上的问题，从而扭曲人的认知，让人误以为自己的成就完全源于个人的能力。却不知道一个人的成功有其能力的原因，也有一定的运气成分。

法国贵族马奎斯·卡斯德兰在他富有的时候，随手挥霍百万资产而面不改色。后来走向衰落，他说："直到破产的那一刻，我才真正感到自己的软弱。"拥有财富时，他感觉自身的力量十分强大，失去财富后顿时觉得虚弱。那种强大其实是一种幻觉：把财富力量的强大等同于自身的强大。

其实在生活中有许多人都有过这样的人生起伏，有的经历得早，有的经历得晚。这样的人生溃败，经历的早会幸运得多，相反，经历得较晚的人则要重新起步，会有更多问题。这就是"吃亏要趁早"的道理。有经验的前辈总是说"年轻人别怕犯错"，其实也是这个意思。

当人们还没有真正理解独立的含义时，都会有一些自以为是的举动：觉得自己好牛啊，独立而且强大。当一个人真正理解了独立的含义，回过头来看以前的自己，会觉得十分汗颜。

要想变得富有，就要看清自己是不是真的有实力，知道自己的实力源于何处，就像洛克菲勒说自己可以重新再来那样，他很明白自己的创富能力和知识并不是幻想，也并不只是依靠信心。

是否独立，最起码取决于三个基本条件：第一，是否具备很强的谋生技能，也就是能力强；第二，是否有思想、有眼光、有格局，也就是见识高；第三点，是否具备成熟、稳定、自信、强大的心态，也就是信心足。有这三个点的支撑，才可能真正独立起来。这三者之中出现任何一个短板，独立都会沦为自我感觉良好的幻觉。

其中第一点是基础，没有强悍的谋生技能，想要独立是不可能的，更加不可能会有好的心态。强悍的谋生技能有哪些？策划技能、推销技能、管理技能、经营技能、演说技能、人际交往技能等。这些技能可以大大提升一个人的生存能力，使人更快地走向独立。

而第二点其实是指思维能力强大，具备独立思考的能力，意味着具有创造和创新意识。注意，这里所说的有见识不是看得多，而是懂得多。有的人看到世间无数风景，但只是浮光掠影，并没有了解其中的奥妙，所以并没有什么高明的见识。就像前面的那个法国贵族，他经历过各色各样的事情，遇到过形形色色的人，也享受过婀娜多姿的风光，但他的见识不过是一些风花雪月、挥金如土。

第三点看似很虚，其实是不可或缺的。没有好的心态，即便有很强的技能或很高的见识，最终也难免会失败，因为他稳不住自己，沉不住气。信心垮了，什么都会垮掉，就像前面所讲的冯小姐，信心被失败击垮之后，已经无法相信自己，无论是技能还是见识，在她眼里都已经贬值了。

如果你能够具备这三点，那么实现个人独立和财务自由是迟早的事情。财富自由不是空洞的宣言，也不只是钱的问题，其中包含了人生的方面。有能力、有见识、有心态，才能够保证你的财务自由，并让你真正独立起来，否则恐怕事情没有想象得那么容易。

财富心语

独立总是需要依凭的。或依凭外在的事物，或依凭内在的事物。处于社会中的人，通过自身能力积累了良好的经济基础，可以帮助我们获得相对的独立。但遭逢意外失去依凭，独立也就不复存在了。

误解四：追求绝对自由

财务自由是什么？财务自由只是我们追求个人成长、提升个人价值过程中的副产品，它不是具体的某个财务数字，也不是具体的某种生活方式，而是一种活跃、正向、积极的人生状态。这种状态不是偶尔出现的，而是长期存在、具有良性循环的人生状态。

要实现这种人性状态，就要有不断成长的意识。就像有钱人那样，注重个人的成长，包括能力、思想和心态。拒绝成长的人，是很难达到财务自由的。有的人认为，成长就是学习更多的知识，这是很严重的误解。知识的学习有助于个人的成长，但不能代替成长。有许多人都热衷于知识的学习，但没有真正成长起来，尽管看起来似乎知识渊博，但是他的知识是死的，无法创造价值，最直接的表现就是财富没有增长。

在商业社会，与过去的农业、工业社会不同，就在于个人的价值往往可以通过财富来体现，因为这个商业环境的自由性可以让个人有更加广阔的空间去施展自己的能力，只要你想创造价值并能创造价值，市场就不会拒绝你。如果你认为自己已经成长，那么最直接的表现就是你能够创造更大、更多的价值。否则，所谓的成长往往就具有很大的水分。

财务自由是个人价值成长的结果。高级版的财务自由是：以自己向往的方式生活，不必为金钱而工作，或依赖其他任何人。简化版的财务自由是：有一技之长，有持续稳定的收入，能够满足自己的需求，并带来价值感，同时有时间探索和实践更好的创富方法。而财务自由在财务上的直接表现就是：被动收入超过消费支出。其实要达成这个目标并不困难，真正的障碍在于思想和欲望。

首先在思想上，思想中不关注个人成长，对个人能力和专业技能的提升很不上心，只是一味地将目光放在金钱上，结果钱没有挣到多少，还丢掉了能力提升和个人成长的机会，人生从此走上下坡路。诸如赚快钱、求安逸等思想，想要获得财务自由会非常困难。

其次在欲望上，欲望太大，不能自我管理，导致能力和个人成长的速度跟不上欲望膨胀的速度，最终活活把自己埋在了欲望下面。与其说“生命跟不上灵魂的脚步”，还不如说“能力成长跟不上欲望膨胀的脚步”。财务自由的实现需要钱，但钱绝不是唯一的需要。有位佛门泰斗说："真正的自由，不是拥有一切，而是管理自己的欲望。没有人可以拥有一切，但你可以学会知足。"

如果想要获得更多的金钱，你就要让自己配得上它。如果想要实现财务自由，你同样需要让自己配得上它，无论是思想见识上，还是行动能力上。以下是实现财务自由的几个有用的建议：

1. 有一样技能傍身

你必须有一样拿得出手的技能傍身，才可能有持续而稳定的收入。这里所说的技能，并不是指单一的某种技术，而是指诸如策划、推销、管理、经营、演说、创作、交际等技能。

好的人生，必须要有一样拿得出手的技能。如果我们的工作很简单，没有很高的技术含量，那么它很容易会贬值。所以，要想办法提高工作的技术含量，这样才能体现出我们的价值所在。不过想要做到这一点，就需要在某个领域持续深耕，积累大量的知识和经验。这不是短时间就能达成的，因此不能急功近利。一句话，与其低质量地挣所谓的快钱，不如高质量地夯实自己，让自己的工作具有更高的价值。

2. 学会自我教育与更新

永远不要指望着努力一把，就能挣到足够的钱，站到足够高的位置。人生是不断成长的过程，没有终点。无论走到哪一步，都不能忘记提升自己，更新自己。就像软件需要更新版本，如果QQ软件还是90年代的版本，那么腾讯就不会成为即时通信软件巨头。人生也是如此，要努力让今天这个版本比昨天那个版本更好。

无法自我学习，无法自我更新，想要获得财务自由是不可能的，即便短期可以赚到很多钱，也会因为缺乏后劲而最终没落。通过持续自我学习和自我更新，你无论在什么时候需要钱，都可以有办法挣到，这就是最好的财务自由。

3. 让工作与兴趣建立联系

如果你准备让自己变成某个领域的专业人士，你不仅需要学习相关的专业知识，更为重要的是你要有一份该领域的工作。你必须将自己学到的知识真正运用起来，才能更加深入地了解该领域的方方面面，这样才能变得更专业。否则，空谈不会让你变得更专业。

在这个深入工作的过程中，没有兴趣是非常大的问题。有兴趣去钻研，你才能真正深入工作，才能真正专业起来。没有兴趣的人，只是完成任务，往往很少有深耕的动力。所以在工作中，我们要尽量与自己的兴趣建立联系。

一个人如果做的是自己完全没有兴趣的工作，内心往往会觉得压抑，因此很容易自我贬低。然而，很少有人能够从一开始就幸运地找到一生的事业，通常都需要慢慢地摸索，才知道自己真正愿意深入研究的工作。

有位林女士毕业后到了某公司做出纳，因为不喜欢公司的工作环境，所以准备考注册会计师。她买了一系列与财务会计相关的书籍与资料，然而学习起来非常痛苦。备考两年，结果她一门都没有考过。为此她对自己的能力充满怀疑。

后来有位心理咨询师建议她从兴趣入手，换一个努力方向，学习自己感兴趣的专业。于是她想起自己的兴趣——电影。于是她买了影视编导与摄影制作专业的书籍来看，发现自己真的看得进去，还越来越感到有趣。学习知识之余，她还尝试用手机拍一些简单的故事短片上传到网络上与人分享。

两年后，林女士考上了某艺术学院的编导专业研究生，同时还被一家短视频制作公司聘用，担任艺术摄制总监一职。

只有在找到自身价值的情况下，我们才会有持续的动力成为专业人士。当工作和兴趣建立起联系，你就会对自己的工作产生很强的价值认可。这种状态不仅带来钱，还可以更为有效地提升你的能力和幸福感。财务自由，不仅要有钱，还要有价值认可和幸福感。

财富心语

真正自由的是能够控制自身欲望、不被欲望控制，能控制心态、不被心态役使。不急不躁，不疾不徐，处理好生活、工作和财务问题，很容易就能收获幸福感和满足感。但欲望太大、心态不稳，想要实现财务自由的梦想是真的很难。因此，追求财富不能忽略内在的修行。

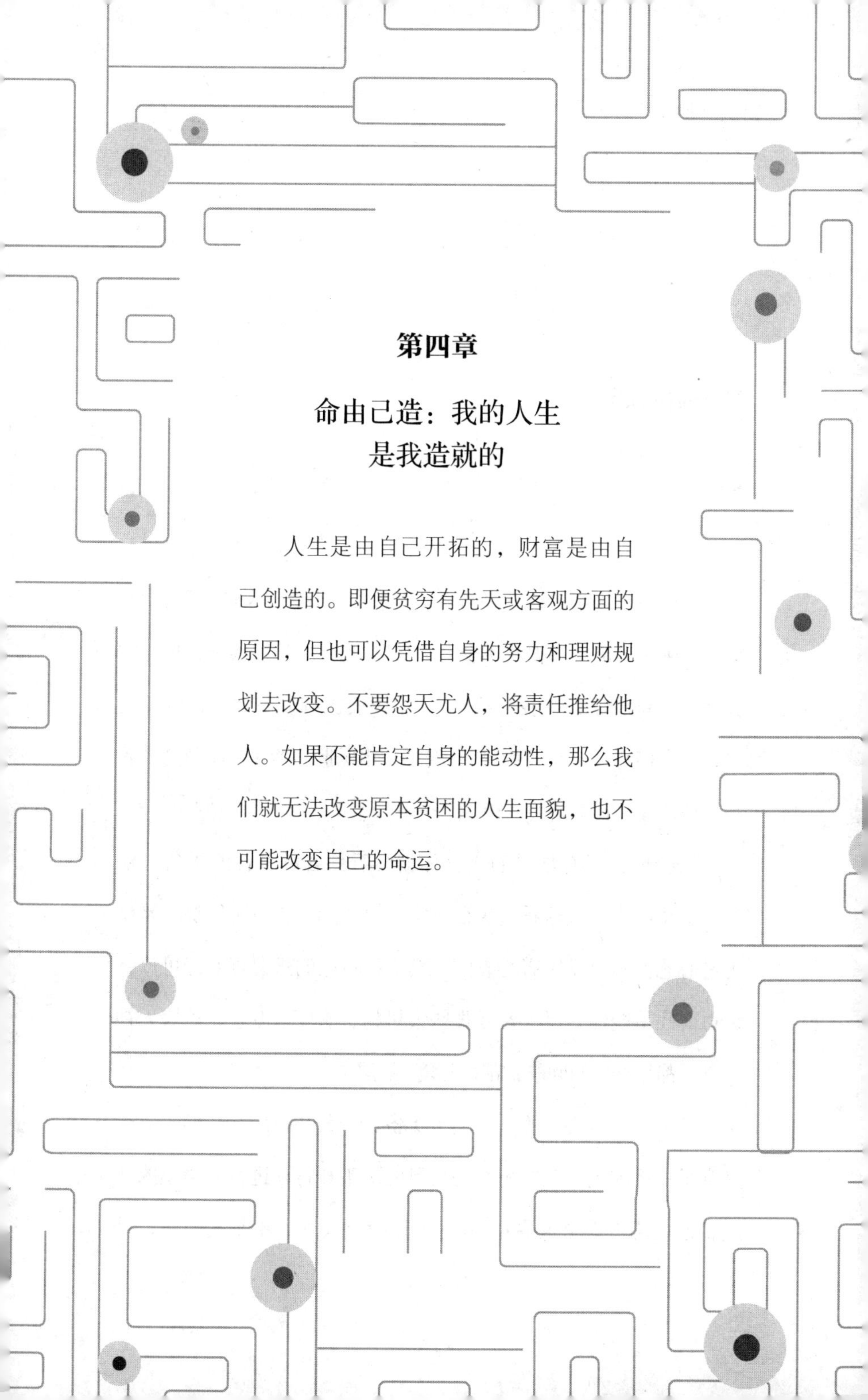

第四章

命由己造：我的人生是我造就的

人生是由自己开拓的，财富是由自己创造的。即便贫穷有先天或客观方面的原因，但也可以凭借自身的努力和理财规划去改变。不要怨天尤人，将责任推给他人。如果不能肯定自身的能动性，那么我们就无法改变原本贫困的人生面貌，也不可能改变自己的命运。

受害者心态

在股票市场中，你会经常听到很多参与股票投资的人说："专家都是骗子，乱说害得我满仓套牢！""还什么炒股大神，推荐的股票一点都不牛，害我亏钱！""中国股市制度不健全，内幕交易，庄家横行，专吃我们小股民！""中国股市要是T+0制度，放开涨跌停板，我就不会亏钱。"……

只要你身边有炒股的人，你就会听到各种各样的责备、辩解、抱怨的声音。这看起来很正常，但实际上背后所反映的是受害者心态。具有受害者心态的人会觉得自己的遭遇真的好可怜，觉得失败不能怪自己，都是那些大机构、制度、专家、炒股大神的错，都是骗子的问题，都是环境的问题。

处于受害者心态的人习惯于责备、辩解和抱怨。他们的言辞充满了控诉的意味，并不断为自己的决策和行动进行言语上的开脱，他们想告诉全世界："我之所以投资失败，不是我的错，是那些坏人造成的，坏人应该为此负责，付出代价。”并试图用这些话来说服自己。如果找不到负责的坏人，那么他们往往会寻找其他的客观原因，反正失败不是他们自己造成的，于是理所当然地抱怨环境、制度、规则。

不仅在投资领域如此，受害者心态同样在生活中的其他领域发生着。“要不是他劝我，我就怎么怎么做了，现在的生活不知道有多好呢，又怎么会落到现在这步田地？”“我本来不想做的，还不是因为他，我才决定试一试，谁知道根本就不靠谱。”还有在爱情当中，也有受害者心态：“我都是为了他，结果为了他付出了那么多，他是怎么对我的？”“就是因为她，我才落到这样的境地！”

事实上，很多时候我们的失败都是自己的决策和行动造成的。我们可以听从某个人的建议，但要清楚根据这个建议去行动所带来的结果，最终是要自己承担的。无论是你的亲人朋友，还是专家高手，他们都想你获得成功，因为从你的成功当中，他们能获得利益，但一旦你失败了，他们是不会承担责任的，除非你们有共担风险的协议或默契，否则就会成为互相推诿的扯皮游戏。

有意识地观察你的思想、心理、感受、信念、习惯、行动，就如同拿着放大镜一样，仔细研究和分析自己，看看自己有没有受害者心态：是不是经常责备他人，是不是经常为自己的行为辩解，是不是经常抱怨环境和客观因素带来的困难。

1. 是否经常责备他人

偶尔的责备是没有问题的，但如果你经常责备他人，已经形成了一种习惯，那就十分危险了。这意味着你将自己的目光更多地聚焦在别人的错误之上，更多地关注他人所要承担的责任，很容易忘记自己的责任。

你是不是经常责备经济、责备政府、责备股票市场？你是不是经常责备竞争对手、责备自己的雇员和合作伙伴？你是不是常常责备配偶、亲人或父母？你是不是经常责备运气？如果你发现自己常常责备他人，那就要特别注意，可能最大的责任在你自己。

2. 是否经常为自己辩解

为自己辩解，维护自身的权益，是合理合法的。但总是为自己的失败辩解或为自己的退缩找理由，可能你自己都没有注意到你已经落入了受害者心态的陷阱里。

你有没有为自己的失败推卸过责任？你有没有为懒于行动、怯于行动或不愿意行动找过客观的理由？你有没有为自己放弃行动或放弃某个人找各种合理的借口？当你没有钱的时候，是不是经常告诉自己或别人“金钱不重要”？如果发现自己有这些情况，就要特别注意，或许你推卸的责任是财富的砝码，而找到的理由却是人生的毒药。

3. 是否经常抱怨客观环境或资源不足

抱怨是极为常见的事情，但过多地抱怨会影响积极的心态。抱怨的本质是什么呢？聚焦错误的行动，收集负面的心理能量。所有的抱怨都在表明“我的人生是有限的，是不足的”，但抱怨者从来不会想“我的人生如何可以无限、充足起来”。

你会不会抱怨自己的出身？你会不会抱怨自己拥有的资源太少？你有没有抱怨得到的支持太少？你是不是经常抱怨客观环境不够好？你是不是在抱怨客户事多？你是不是经常抱怨工作难做？如果发现自己经常抱怨，就要注意是否存在受害者心态。

财富心语

客观上或许真的是别人导致了我们的贫困，但主观上伤害我们的是我们自己。当我们在指责、抱怨、辩解的时候，其实就是将自己放在悲惨的环境里。想要成为有钱人，就不要管心情上的造作，理智地选择行动改变自己的财务状况。

将美好带进生活

很多人总是抱怨："为什么我的运气这么差？为什么受伤的总是我？"现在明白了受害者心态，这个问题就很容易解答了："不是因为你的运气差，也不是因为老天偏要跟你作对，只是因为你总抱怨自己的生活太糟糕。所以，生活就真的越来越糟糕，而且是经常性的糟糕。"

想要自己的生活更加美好，那么就要少一些抱怨、责备和辩解。同时，我们不能离抱怨者太近。如果不得不在他们身边，那么面对他们的抱怨，就要充耳不闻。否则，他们就会将糟糕扔进你的生活里。

你无法解决抱怨者的问题，就离抱怨者远一些，因为负面能量是会传染的。然而，偏偏有很多人不明白其中的原理，总是伸长了脖子听别人在那里抱怨。因为他们在等别人抱怨完后可以听一听自己的抱怨。

“你认为这就是糟糕的生活吗？不，不是的，还有更糟糕的生活。你稍等一会儿，听一听我的不幸生活吧！”每个听他人抱怨的人内心都开始翻出自己的不幸故事，准备着回味一遍其中的糟糕情绪。

停止抱怨，将会改变你的生活。不要抱怨任何事。不仅自己不要抱怨，也尽量不要去听别人的抱怨，别让自己的头脑里有抱怨的声音。你坚持一个星期以上，就会感受到自己的心态会有较大的改变。

这个小练习看似微不足道，但坚持下来足以改变生活。当你停止关注糟糕的事情，就会停止吸引糟糕进入你的生活。然后你就会发现自己的生活开始发生美妙的改变。如果你是一个抱怨者，只要你能够察觉到这一点，你就已经开始改变了。

为了吸引美好的事物和人进入你的生活，你需要停止自己的受害者心态，可以从察觉自己的责备、辩解、抱怨开始。许多人察觉不到自己在责备、辩解和抱怨，更察觉不到自己在以受害者自居。

责备、辩解、抱怨就像缓释药片，在不知不觉中缓解我们失败时的压力，让我们即刻舒缓，却让我们意识不到它们带给我们的长期坏处。你能及时察觉自己在责备、辩解和抱怨吗？

你若无法察觉到它们，建议你从察觉挫败开始。通常来说，人们只有在遭遇挫折和失败时，才会去责备、辩解和抱怨。因此，一旦我们遭遇失败，就要立刻警醒起来，看自己是否有受害者心态，是否在责备、辩解和抱怨。

当你察觉到自己在责备、辩解或抱怨时，就要立刻停下来，告诉自己：我在创造我的生活。若是毫无知觉地开始责备、辩解和抱怨，你就不是在吸引美好，而是将糟糕带进你的生活。因此，请理智地选择你的思想和表达。

你可以选择成为受害者，也可以选择变得富有。当你选择成为受害者，你每次的责备、辩解和抱怨，都会击溃你的财富梦想。你的理财观念会逐渐充满负面能量。你不会拥有真正有价值的财富思考。

希望你能够看出自己做了什么样的选择。需要知道这样的事实：我们创造自己生活中的各种东西，也将各种东西引入生活。我们决定了自己的命运和人生。我们决定了自己是贫穷还是富有。我们决定了自己的幸福。我们创造自己的财富。

发现自己的力量，创造自己的人生，而不要再去博取他人的同情。仔细观察、研究和分析自己，不要让自己陷入受害者心态。我们来到这个世界上，不是为了获得他人的怜悯，而是为了实现我们的梦想，过上美好的生活。

财富心语

财富不是别人施舍的，而是靠行动创造出来的。他人的同情或许暂时会让我们的心情好过，但贫困的生活状况不解决，终究无济于事。与其不断抱怨，不如认真学习理财，改善自己的财务状况，让自己走出贫困的生活。

优秀不是罪

受害者心态的坏处显而易见，若是不及时调整，久而久之，就会成为习惯，形成受害者思维方式。仇富现象就是这样一个例子，其背后反映出来的往往也是受害者思维。当名人和有钱人发生什么事时，经常可见大量的骂名随之而至："看看他之所以这么富有，就是因为干了龌龊的事！""活该！资本家剥削老百姓，不得好死！"

为什么会这样呢？只因人们的潜意识里存在着强烈的受害者思维方式，他们认为别人赚到了钱导致他们赚不到钱。他们还会甩锅，将自己的认知教给下一代，告诉他们：有钱人是罪恶的，有钱人是吸血鬼，等等。

他人的富有真的是造成你穷困的原因吗？很显然，不是这样的。富有不是任性的代名词，富有者也并不是为所欲为的人。恰恰相反，大部分的富有者聪明智慧、诚实守信、勤劳勇敢、谦虚谨慎、生活自律。

生活中许多人嫉妒他人的成功，看到别人的财富一直在快速增长，就很容易犯红眼病，也很容易陷入焦虑的情绪。而富有者不会这样，他们不会为别人先于自己成功而感到不高兴。相反，他们会感到非常幸运，因为他们又可以学到新的成功模式了。

富有者总是对自己说："如果他们能够做到，我也能够做到。"他们愿意向那些更早、更快走上致富道路的人学习。已经有了被验证过的创富方法可以直接学习和模仿，这可以帮助他们更快地实现财富梦想。

创造财富最快、最容易的方式，就是向已经成功的人学习如何做事。如果我们能够采取相同的行动，拥有同样的理财观念和思维方式，最终我们就会收获同样的财务结果。

与别人相比，生活中许多人的观念存在很大的问题：听说别人致富了，成功了，便怀着不知是羡慕还是嫉妒的心情开始评头论足。他们会批评、嘲笑和贬低那些成功致富的人，似乎这样就可以抹杀掉别人的名誉和荣耀。

看看你的身边，有这样的人吗？你的亲戚朋友是这样的人吗？更为重要的是，你是不是这样的人呢？如果你有类似的行为或想法，那么你的观念可能存在很大的问题。

在我们的生活中，"邻居家的孩子"就是一个很正常的现象，但有些人却觉得因为“邻居家的孩子太优秀”才让自己受到了伤害，这样的认识就很不正常了。自己不够优秀，应该想方设法让自己优秀起来，而不是试图甩锅或将优秀的人拉下来垫背。

千万不要做一个嫉妒的人，也不要觉得他人的优秀伤害到了你，更不要仇视财富、能力以及优秀的人。

成功者之所以有钱，很大程度上在于他们能够学习他人的优点。他们能够欣赏比自己更加优秀的人，特别喜欢与有才华、有思想、有能力的人交朋友。他们欣赏创富思维，也喜欢与有创富思想的人交流。

认真地问一问自己：假如你遇到一位特别优秀的人，你是否会努力去创造出与他们在一起的方式？你想不想与他们交谈？你想不想学习他们是如何思考的？你想不想利用他们的关系？你想不想与他们成为朋友？

你若想成为优秀的人，就不应该排斥其他更优秀的人。不仅不应排斥他们，你还要学会与他们交朋友，这样才能更好地向他们学习，让自己变得优秀。那么，如何改变自己的观念，向优秀的人学习呢？

1. 阅读古今中外财富名人传记

约翰·洛克菲勒、沃伦·巴菲特、李嘉诚等财富名人的传记都具有启迪意义。他们的故事可以激发我们的创富行动，帮助我们学会一些做事的方法，更为重要的是，还可以学习到他们的财富思维。

2. 参加一些管理训练营或创业经验分享会

经常参加类似的商业聚会，可以帮助我们学习财富新观念。

财富心语

• 别人的优秀和成功，根本伤害不了你。别人的优秀和成功是别人的，和你也没有关系。真正能够伤害你的，是你内心的错误认知和观念。这就是嫉妒的本质。别让自己陷入嫉妒的心态，这样做很愚蠢。

做个负责的人

有人问："富有者会不会有受害者心态？"当然会有，但是他们不会沉浸在受害者心态中，即便受到了伤害，是真正的受害者，他们也不会让自己停留在怨天尤人的状态，而会想方设法突围。他们很清楚：无论好坏，都是自己的人生，怨不得别人，勇敢面对才会有出路。

更多的富有者，因为能够为自己所做的决策和行动负责，所以根本就不会让自己落入受害者心态的陷阱。许多人都说："我不会陷入受害者心态，我会为自己的人生负责。"但真正能够做到的其实并不多。

怎么为自己的人生负责？要将"负责"二字详细地阐述，会有太多的东西，而且你也未必真正理解。将"负责"二字简化成具体的行动，就容易得多了。嘴上说负责是没有用的，你需要行动起来。

那么如何行动起来呢？努力工作挣钱就是在行动。你也不想因为自己的贫困连累身边的人吧？你更不想在自己的家人需要帮助的时候却拿不出钱来吧？

让自己不再贫困，就是负责的体现。如果你还处于贫困生活中，连自己的基本生活都无法负担，又怎么去负责呢？当你变得富有了，解决了自己的生存问题，对个人而言是一种负责，对社会而言也是一种负责。

其实，最好的负责就是发挥上天赋予我们的能力，创造属于自己的财富。当然，变得富有不是轻而易举的事。要走的第一步就是创造。是的，你首先要去创造，因为财富是创造出来的，千万不要想着不劳而获。

生活中很多人都会忽略“创造”，认为财富是积累出来的。积累财富的观念并没有错，但只看到积累的重要性，而忽视创造的重要性，就会在很大程度上限制我们的创富能力。事实上财富积累也是在财富创造的基础上才得以完成。

而且，创造财富的速度往往比单纯地积累财富更快。如果你不想被时代风潮抛弃，就要学会创造财富，不要浪费了上天赋予你的能力。

有人说：“我每天都忙得团团转，非常努力地工作。我一直在创造，但为什么我没有变得富有呢？”有这种想法的人很多，这是没有真正理解“创造”的缘故。

所谓财富的创造，不是说你的重复劳动所带来的薪水，而是指通过你的创意、创新获得财富，如更新商业模式、革新产品线、创建新平台、研发新技术、设计新形象等。

比如，你开了一家新的公司，为许多人提供了施展能力的平台或者你的公司引进更加先进的产品线，提高了生产的效率，这就是创造新平台。

比如，淘宝网建立了一个小商家做生意的网络商城，获得了成功；京东商城革新商业模式，自建物流搭建新的网络商城，获得了成功；拼多多再革新商业模式，建立拼单砍价的网络商城，也获得了成功。

这就是创造财富。真正的创造肯定有新的东西，这是需要智力投入的。因此，想要真正创造自己的财富人生，就必须加强学习，拥有新的创富思路和理念，你才能真正富有起来。

那么，投资股票赚钱算不算创造财富？严格来说，这不算创造财富，虽然投资股票是一个理财行为。

在财富的增值过程中，理财投资是一种必要的手段，但在我们的财富增长初期，最好不要将其当作主要手段。如果你能够制造股票，那就另当别论——这意味着你的公司上市了，这是创造财富的过程。

在我们的财富之路起步阶段，创造财富的思想是非常重要的。这种思想包括你不能安于现状，要有创新意识，要主动进取，要学会面对困难，要解决问题，等等。而积累财富的思想，则很容易让你过上按部就班的生活，失去进取意识和创新意识，从而安于现状，导致财富成长缓慢。

如果仅仅依靠工资积累财富，很难变得富有，除非你成为打工皇帝，做到中高层管理者。在这样的情况下，你会接触到更多的创意性和决策性工作，这能够帮助你提高财富积累速度。如果再配合一些投资手段，那么很容易就能实现有钱的梦想。

然而很多人依据坚守财富积累思想。在这个商业时代，知识性、创意性工作成为创造财富的主要手段。你有什么好点子，可以创造性地改变世界，让人们受益，从而愿意买单，这就是创造财富。

有人整天都很忙，工作也十分努力，但财富没有很快增长。事实往往是因为尝试得太少了。多数财务上不成功的人不愿意做太多的事情，也不愿意去做冒险的事情，更加不愿意投入时间和精力去学习和更新自己的理财观念，这又何谈创造财富人生。若想要为自己的人生负责，就去创造属于自己的财富吧。

财富心语

获得财富是需要承担风险和困难的。若是不能、不敢、不愿承担，就不可能获得财富。相反，一个人若是能够完全主宰自己的命运，承担自己的责任，他想不变富都难。生活中不能变富的人往往在责任承担上存在一些问题。

人生是经营出来的

人生是需要经营的，哪怕你的生活很糟糕，也需要认真规划和经营。若是你不去经营，只会让糟糕延续下去；而若是你能够认真去经营，就算再不济的境遇，也能够得到改观。关键不在于你当前有多难，而在于你是否有经营的观念。

陶华碧女士出生于小山村，没有上过一天学，开始连自己的名字都不会写。为了生计，她搭了个摊子卖凉粉，而为了让凉粉卖得好，她便做了麻辣酱来调味。可是很多客人吃了凉粉总要带点麻辣酱回家，后来还有人专门过来买她的麻辣酱。原本用来调味的麻辣酱就这样火起来了。

因为麻辣酱供不应求，有人建议她专卖辣酱。即便如此，还是满足不了需求。工商局和街道办事处的工作人员都来劝她开家辣酱工厂。于是，她用村委会的房子办起了辣酱加工厂。为了打开销路，她还用篮子挎着辣椒酱挨家挨户推销。

凭着过硬的产品，1997年8月，陶华碧女士成立了贵阳南明老干妈风味食品有限公司。为了签署文件，她花了三天时间练会了自己的名字。经过20多年的发展，老干妈辣酱成为畅销全球的产品。如今，老干妈风味食品有限公司已成为全球知名企业。

陶华碧女士的财富人生看似传奇，但真正让她抓住财富机会的是她拥有一套属于自己的完整经营思想：为人处世、产品质量、生意运营、员工管理，等等。虽然她没有文化，但记忆力和心算能力很强，能快速找出公司的账务哪里出了问题，更能说出大部分员工的名字，公司的员工忠诚度非常高。

尤其让人诧异的是，她凭着朴素的经营思路搭建了一条“企业+基地+农户”的农业产业链。这种做法背后所闪烁的产业化经营思想是极为先进的。通过自产基地，她的产品能保持味道和品质的多年如一，从而销往全球，家喻户晓。这样不仅促使了企业的发展，同时也给当地农户带来了富裕的机会，惠及千家万户。

“老干妈”透露出来的经营思想是可以给人带来启迪的。你当然也可以从中学到一些经营理念，但需要提醒的是，一个人的经营思想往往是系统化的，其背后往往体现的是她的人生观、世界观和价值观。如果你并不了解这些东西，即便学会她的经营思想或管理方法，也玩不转。

比如，有的人觉得老干妈这样的创富速度太慢，有的人则觉得老干妈做这么大太累了根本没有必要，也有的人觉得就这样发展是最好的。每个人所认识的世界（世界观）是不一样的，每个人的追求（人生观、价值观）也是不一样的，因此说出来的话、做出来的事是不同的。你的三观未必匹配别人的经营思想。所以你需要有自己的经营思想。

你要了解自己是什么样的人，你想要什么样的人生，你该怎样才能实现这样的人生。不要只是说“我就是要成为有钱人”，那没有什么用。如果没有自己的一套人生经营理念和思想，并且将之切实贯彻，所谓的财富梦想就只是空想。

那些生活拮据的人，往往是忽略经营思想的人。他们不知道如何经营自己的人生，更不知道如何经营生意和自己的金钱，有的人甚至不知经营为何物。有人始终弄不明白：自己埋头苦干、任劳任怨、做事主动、做人灵活，到任何一家公司都没少出力，但为什么没有变得富有？很可能就是因为没有经营人生的计划。

总而言之，经营思想对人生很重要，对财富创造也很重要。就算你不懂经营思想，不懂经营方法，但最起码要有经营意识。无论你是保守型性格，还是冒险型性格，都不可缺少经营意识。不管你是做生意、搞生产，还是做理财、做投资，想要发财就必须有经营意识，规划自己的事业，不要放任自己的人生滑落失败的深渊。

财富心语

理财就是经营财富、经营生活。只有善于经营，你才会变得优秀，你的财务状况才会发生改变。没有经营意识，放任自己的人生，放任自己的行为，即便你再努力，再有优势，最终也难以改变自己的财务状况。优势是可以积累的，财富也是可以积累的，前提是你要学会经营。

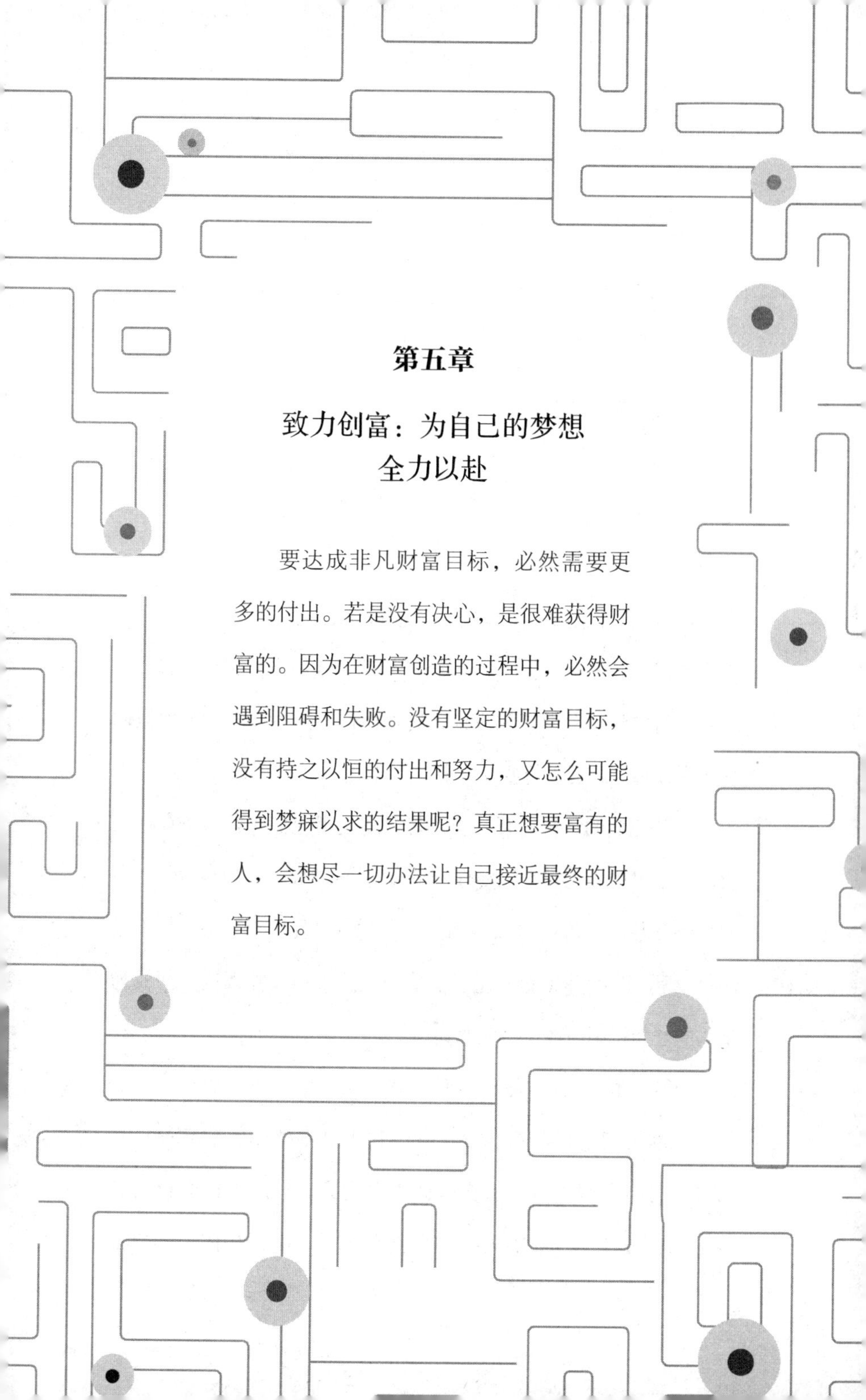

第五章

致力创富：为自己的梦想全力以赴

要达成非凡财富目标，必然需要更多的付出。若是没有决心，是很难获得财富的。因为在财富创造的过程中，必然会遇到阻碍和失败。没有坚定的财富目标，没有持之以恒的付出和努力，又怎么可能得到梦寐以求的结果呢？真正想要富有的人，会想尽一切办法让自己接近最终的财富目标。

完全不必要的担心

你想变得很有钱吗？你想成为真正的富翁吗？如果你去问身边的人，他们会毫不犹豫地回答："当然，我简直太想了。有谁不想成为富翁呢！"但是如果你去观察他们的生活，就会发现他们其实并没有一点真正想要变得富有的样子。

透过他们的一些言行，可以轻易地发现他们潜意识里存在的负面思维习惯。比如，只要你问身边的人："你想成为富翁吗？"他们大多数会回答："想。"而如果你说："既然想，那为何不赶快行动呢？"这个时候，他们就会有一大堆借口和担忧，而成为富翁的梦想瞬间就成了巨大的负担。

更为奇怪的是，人们似乎总是为没有影儿的事情担忧。比如，有的人担心自己有钱了，管理起来会很费劲、很麻烦；有的人担心自己努力赚钱，会因此失去健康；有的人担心自己有钱了，会被打劫；有的人担心自己有钱了，家人和孩子可能会被绑架；还有的人担心有钱了，会被亲戚朋友借钱，因为难以拒绝会感到很烦恼。

还有很多五花八门的担心，但往往都是没影儿的事情。在自己还没有钱的时候，就想着有钱时候的烦恼，不断告诉自己：原来有钱是这么烦啊，这是庸人自扰，完全没有必要的思想。带着这样的想法，怎么可能会专心赚钱呢？

许多人没有变得富有，就是因为潜意识的负面思维习惯阻碍了他们的创富行动。他们的潜意识里藏着各种各样的思想观念，包括正面的理财观念和负面的理财观念。其实人们在潜意识里的理财观念往往是有冲突的。

一个人潜意识里会思考“为什么有钱是好事”，也会思考“为什么有钱是麻烦事”。只是富有者会阻断负面思考，让正面思考更多地进入意识层面。而很多人并不是这样，他们常常用负面思考阻断正面思考。

有的人愉快地说：“拥有更多的财富会使生活变得更有乐趣。”刚刚进入财富创造的思考层面，可一接触到实际生活的层面，就立即愤怒地说：“我就像头牛一样累死累活的，根本谈不上丝毫的乐趣！”

这就好像你说：“我只要再努力一些，就能环游世界了。”刚刚进入美好生活的规划之中，身边的人就泼来一盆冷水：“别总是想那些没用的事情，这个世界上还有很多人需要救济呢！”我们的头脑里常常会有类似这样的情况。

这样的观念冲突很正常，但这往往是多数人不能变得富有的原因。我们经常打断自己的正面思考，而延续负面思考。

当你想要变得富有的那一刻，你的头脑里就会开始输出一系列财富创造的正面思考。这个时候，你要做的就是延续正面思考。你可以将自己的思考写下来，思考如何去实现你的想法。

比如，你想拥有很多钱得到更多的生活享受。你的大脑马上就会给你输出大量赚钱的思考和计划。然后你睡了一觉，第二天醒来又觉得钱没有那么重要。你的大脑就会变得混乱起来，不知道你到底想要的是什么。因为你总是变来变去，一天一个想法，最后只能是让自己迷茫。

很多人得不到他们想要的东西，就是因为他们没有明确的目标。他们常常会让负面思考阻断正面思考，让大脑进入混乱的状态。然后他们就会表现出茫然和无知。

富有者很清楚自己想要什么，他们想要得到财富，因此他们的大脑就会为财富而动，他们的行动也是如此。他们对财富的渴望毫不动摇，保证大脑持续为获得财富而运行着。他们能够全身心地致力于创造财富，不会允许负面思考破坏自己对财富的美好印象。

财富心语

在思想上折磨自己，与自己的内心较劲，最终往往是毫无结果。摆平内心不安的最好办法就是不管它，该干什么就干什么。这样的话，你不会有心理问题，同时现实生活也会变得丰富多彩。

两个心理陷阱

生活中有无数的人想要致富，他们为致富而思索，为致富而计划。有的人几乎每天都会思考和计划致富的事情，但无论怎么思考和计划，钱袋子都不会无缘无故地掉在我们面前。要清楚一点，只有行动才能获得财富。

思考和计划是很有用的工具，能够在一定程度上激发我们的正面思考，对我们的财富创造之路有很大的帮助。但思考和计划不是万能的，仅凭它们不会直接给我们带来真实的金钱。

为了财富辗转反侧的人不计其数，人们也不缺致富的思考和计划，但真正走上创富之路的人却不多。坐而论道，不如起而行之。没有行动，再多思考和计划也都是泡影。一定要采取真正的行动，才有可能得到财富。为什么行动这么重要?

致富想法是内心世界的东西，财富结果是外部世界的东西。而行动是连接内心世界与外部世界之间的桥梁，是将致富想法转换成为财富结果的必要媒介。

事实上我们所有人都知道只有采取真正的行动，才能将心中的致富想法变成现实，可是后来我们大多数人都没有行动。那么究竟是什么阻止了我们的行动呢？

是恐惧阻碍了我们的行动。这里的恐惧包括疑虑、不安和担心。恐惧心理下，我们往往会走入两个常见的心理陷阱，而忘记创造财富的梦想，放弃行动。那么，分别是哪两个心理陷阱呢？

1. 第一个心理陷阱：安全感

因为恐惧，大多数人都倾向于保守的赚钱方法，而绝不使用更为激进的赚钱方式。生活中就有这样的人，收入只有工资，理财方式就是储蓄，从来不关注也不参与任何投资。这种情况下，要想变得富有恐怕很难。他们主要关心的是生存和安全感，而不是创造财富。

有创富目标的人则追求的是富足充裕。他们要的不是一点钱，而是很多钱。他们认为安全感是虚幻不实的东西。如果不能赚到更多的钱，而仅仅依靠工资储蓄积累财富，财富增长速度就会极慢，在这个充满变化的世界里反而更加不安全。

那么你的财务目标是什么呢？只是为了按时付账单吗？记住，所谓的安全感其实是最不安全的。若是为了安全感，放弃了高成长的致富机会，就是最大的损失。

2．第二个心理陷阱：舒适区

解决了生存和安全感问题，身上稍有资产的人就容易进入舒适区。很多人都想要“舒适”。做自己喜欢的工作，过自己喜欢的日子，吃自己喜欢的食物，玩自己喜欢的游戏。一切都挺好，无忧无虑。所谓混吃等死的生活，其实就是停留在舒适区里，不愿去接触陌生的领域，更不愿去追求更美好的生活。然而，我们必须明白，舒适与富有是有很大区别的。

在舒适区停留得太久，不仅不利于财富的增长，还会影响个人成长。因为这个世界有太多不一样的精彩，一旦到了不得不见识和领略的时候，就会是一场悲剧。因此，不要以为舒适区是幸福的代名词。真正的幸福可能并不舒适。

其实无论是满足于“安全感”，还是满足于“舒适区”，生活都会存在比较匮乏的情况。

在不够富有的情况下，一旦生活中有什么变故，就很容易打破生活的平衡。比如，遭遇疾病，很可能会让人迅速返贫。“安全感”是虚幻的，“舒适区”是迷惑的，如果你想要拥有更好的生活，就必须跳出这两层心理陷阱。

财富心语

真正能够带来安全感的事是拓展自己的舒适区。当你的能力得到锻炼和提升时，你能够应付的领域越来越大，你感到舒服的时候也就越来越多，越来越多的事情对你而言都得心应手、轻而易举，你自然也会感到越来越安全。

追求永无止境

古语有云：“求其上者得其中，求其中者得其下，求其下者无所得。”如果你的目标是过舒服的日子，你就很难成为富人。停留在舒适区，失去的很多，得到的却很少。

网络支付的快速发展，使得各地撤销了路桥收费站，打破了收费员的铁饭碗，导致许多收费员下岗。有位大姐说：“我今年40多岁了，没人愿意用我这么大岁数的，我的青春都献给了收费站，我现在什么都不会，也学不了什么技术。”

生活中有很多人都会有这样的错觉，自己的工作可以做一辈子，却从来没有想过世界变化快，没有什么是一成不变的，工作也是如此。

不要说普通的工作人员，就是做生意的大老板，也不知道什么时候就会失去自己的生意。行业发展日新月异，被新技术、新潮流替代的情况时有发生。曾经在移动通信制造领域独领风骚的诺基亚，在智能手机崛起的时代彻底没落，成为一代人的记忆。

以为自己端着的是金饭碗、铁饭碗，却没有想过金饭碗、铁饭碗也会有被砸的一天。停留在舒适区，就如同坐井观天的青蛙，看不到外在世界的变化，更看不到这些变化对自己的影响。

你待在舒适区里，还总是奇怪：我为什么不成功？看看原来比自己情况更差的人已经变得富有，原来比自己富有的人变得更富有。唯独自己的财富，总是不见增长。为什么会这样？因为你的目标就是舒适，你没有更大的追求。

想要变得富有，就要不懈追求。对于富有者来说，追求是永无止境的。而对于其他人来说，用有限的生命去追求无限的目标是没有结果的。很多人总是说人力有时尽，但其实他们说这句话的时候力还没有尽，他们只是不想继续追求，因此找了一个理由说服自己。

如果你想变得富有，就要改变自己头脑中的错误观念，去不断追求。就好比见习律师为了转正而努力。转正成为正式律师，就为了成为大律师、名牌律师而努力。成为大律师，就为了成立自己的律所或知名律所合伙人而努力。

不要停留在舒适区，更不要总想着铁饭碗。如果你想要变得富有，就要去尝试更多可能。如果你只是为了支付账单，过上舒适的日子，那么这样的日子可能很快就会失去。

你可能做着一份很不错的工作，但不要被眼前的“不错”所迷惑，你要看到更远的未来，要想一想自己的目标是什么。不要满足于当下的轻松、舒适，而要利用当前的优势，最大限度地发挥和发掘自己的财富创造能力。具体可以从这几个方面去做。

1. 在本职工作和熟悉领域深耕

你可以在自己的本职工作和熟悉的领域深耕，进而创造性地工作，最大限度地发掘本职工作和本行业的财富潜力，让你的收入增加。你可以升职去做更重要和有价值的工作，让自己的收入增长。

2. 在本职工作之外开拓新的战场

你可以在本职工作之外，开拓新的财富领域。这是在你的本职工作缺乏发展前途的情况下的选择，如果你做的是收费之类的工作，那么你就要考虑学习一些新的东西，去更有发展前景的地方，做一些更能创造财富的工作。

3. 不断开拓新领域

告诉自己不要停留在舒适区，并不意味着一定要从自己熟悉的领域中跳出来，而是要不断地把不熟悉的领域变得熟悉起来。你熟悉的东西越多，你在这个世界上遇到的困难就越少。

财富心语

上进心和不懈的追求，是人在世间生存的动力。处于舒适区中生活的人，不能只求温饱，这样的欲望太肤浅；也不能想着一夜暴富，这样的欲望太空洞。适当的欲望才有进步的动力，逐步提高自己的欲望才能稳定进步。

更大更高远的目标

许多人都安于小目标，却往往忽略了大目标。富有者都热衷于大目标，而大目标会促使他们走向更加广阔的财富领域，拓展更加广大的财富空间。在刚开始做生意时，就树立一个大目标，会比小目标或没有目标更有方向感和推动力。

打个比方，你想要拥有一个餐饮品牌，并且希望能够拥有100家分店。那么你的规划从一开始就是规模化的经营，你会思考如何可以快速地开启连锁分店。而如果你开始只是想要做一个餐饮店，那么你的头脑里就不是规模化的经营规划，你可能专注思考的是如何丰富菜单之类的琐碎问题。虽然这样的目标会让你感到更加舒服，但很明显，创富能力不如大目标。

为什么会这样呢？因为你的收入与你带给市场的价值相关联。关键是你达成的目标带给市场的价值有多大。一般来说，决定市场价值的因素有四个：供给、需求、质量、数量。你想要带给市场更多的价值，就要从这几个方面入手。而实现规模化经营，是提高数量和供给两个因素的不二法门。

你的生活不仅仅与你自己相关，还与你对他人的贡献有关。一个大目标，不仅是个人财富梦想实现的问题，还是为他人幸福做出贡献的问题。大部分人都太局限于自我，习惯于小目标，这样很难成为有钱人。

如果你想获得财富，就不能仅仅关注你自己。你不仅要有目标，还要有大目标——为更多人的生活增添价值。在我们的生活中就有这样一个群体企业家。何为企业家？企业家就是问题解决者，是为大家的利益解决问题的人。

如果你愿意为更多的人解决问题，愿意思考更大的事情，决定去帮助更多人获得便利，那么你就能够成为企业家式的富有者。当你为成千上万的人提供了服务，解决了问题，你将会发现自己在智力、情感、精神和财务上都会变得富有。

研究证实，最快乐的人往往是那些把自己的天赋发挥到极致的人。目标太小往往会禁锢我们的思考能力和行动能力，并且不利于我们的天赋发挥和价值提升。然而，害怕大目标，是人们普遍的问题。绝大部分人其实都没有发挥出巨大的潜能。

其实对大目标感到恐惧，是因为没有为大目标去思考与行动的勇气。当我们为大目标思考并且行动起来，就会发现恐惧并没有那么强烈，而是沉浸在行动的喜悦中。

我们经常会听说一句话："钱多了就是数字。"但实际上钱多了不仅仅是数字。还有人觉得赚钱多了对钱就麻木了。其实并非这样。真正的富有者永远都有更大的目标。即使是首富，也不会对钱感到麻木，拥有数千亿资产，不妨碍他有一个挣到数万亿的更大目标。目标一直在指引他们迈向更大的财务层次。

财富心语

目标是靶子，有目标才会有专注的可能。只是一句我要有钱，显得太空洞了。应该用具体的财务数字作为理财的目标，这样既可以有的放矢，又可以分解目标，逐步实现，从而有很强的可操作性。不断地提高自己的目标，才能让自己登上财富的更高峰。

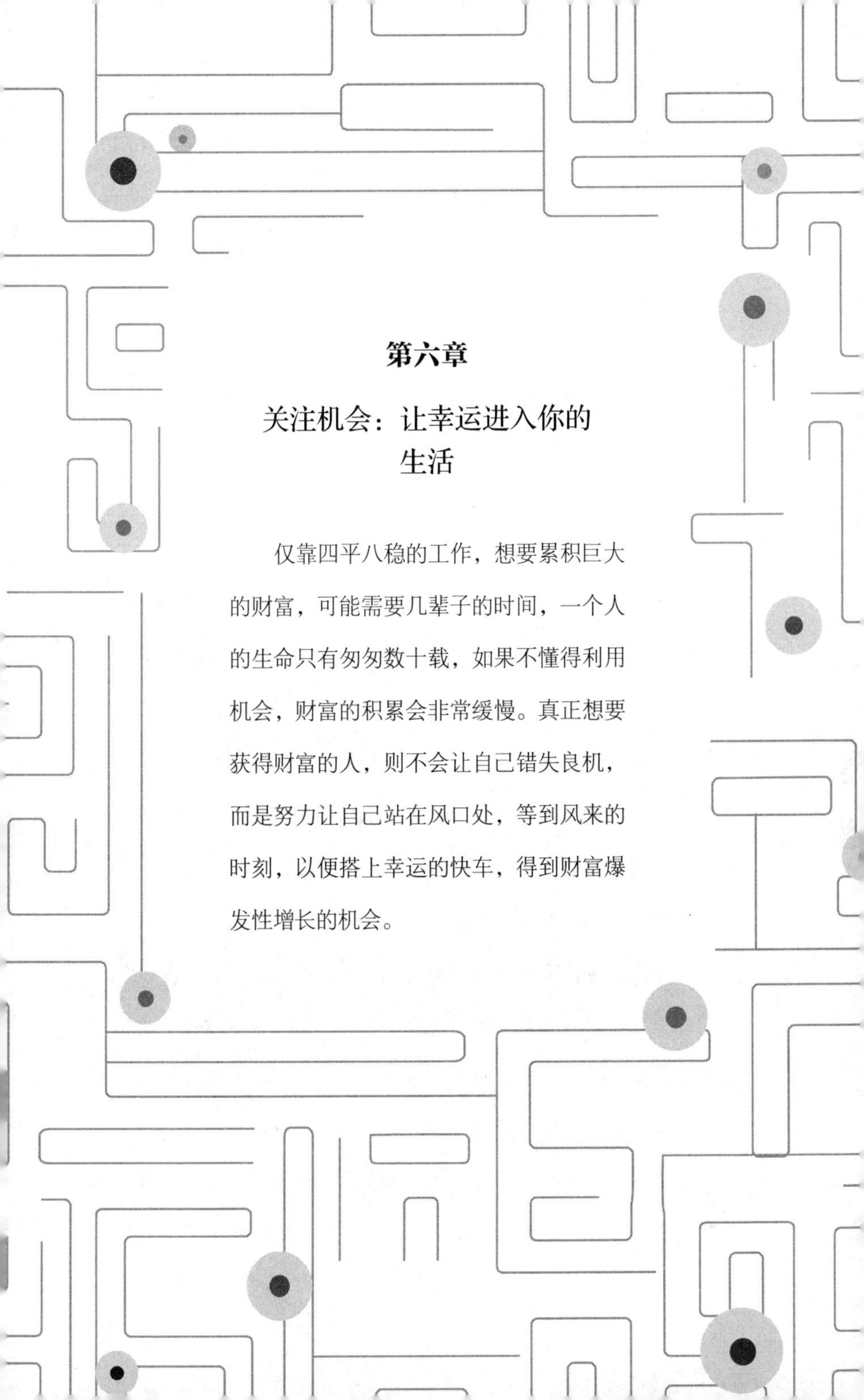

第六章

关注机会：让幸运进入你的生活

仅靠四平八稳的工作，想要累积巨大的财富，可能需要几辈子的时间，一个人的生命只有匆匆数十载，如果不懂得利用机会，财富的积累会非常缓慢。真正想要获得财富的人，则不会让自己错失良机，而是努力让自己站在风口处，等到风来的时刻，以便搭上幸运的快车，得到财富爆发性增长的机会。

你是如何失去机会的

在生活中，其实有很多的恐惧阻挡了我们创造财富的脚步。但实际上内心的恐惧都是自己制造出来的。只因采取的思考角度不同，得出的看法也不同。

同样一个装了半瓶水的玻璃瓶，有的人说一半是空的，有的人说一半是满的。同样一件事情，少数人常常看到机会和收获，而其他大多数人看到的是问题和风险。少数人在关注潜在的增长，而其他大多数人习惯于关注潜在的损失。

很多人因为内心恐惧，就会习惯性地选择安全感，于是他们的思维就会不断寻找问题或是风险。当一个致富的机会摆在他们的面前，他们就会习惯性地说："这事靠谱吗？不会是骗子吧？"甚至直接断定："这事不靠谱。"

也有一部分人相对乐观一点，他们想问题会偏向中立一些，更加客观一些，同时也更加倾向于正面的思考，因此他们会想：

这个事情有可能是靠谱的，我希望它是靠谱的。

具有创富思维的人的思考则完全是正面的，他们往往会积极主动地为抓住机会进行相关的规划和行动，同时他们也愿意为自己的投入和最终的结果负责，他们会想：这件事情是靠谱的，这个机会成功的可能性很大，我应该怎样做才能抓住它，应该怎样做才能得到好的结果呢？

具有创富思维的人看到机会，就会积极地思考如何从中获益。他们对自己的能力有信心，相信事在人为，只要方向是对的，剩下的就是把事情做对。即便遇到问题，他们也总是会思考其中的机会是什么，如果问题得到解决，会获得什么样的收益。

具有创富思维的人极为重视机会，一旦发现有创造财富的机会，他们就不会让所谓的恐惧、问题、风险阻挡自己的行动。每当股票市场大跌时，无数人都叫苦连天，内心充满恐惧。而股神巴菲特却能从人们的恐惧中发现有价值的股票，在风险中找到财富增长的机会。

如果你有这样的人格特质，能从问题和风险中看到机会，并且能够克服自己的恐惧。那么你已经富有了。因为你不断看到机会，愿意去冒险。即便自己的行动有可能失败，也不会轻易放弃难得的机会。

而大多数人常常恐惧风险，担心问题，预期失败。表面上他们是对机会没有信心，实际上是他们对自己没有信心。他们认为问题是客观存在的，很难解决，并且也没有能力解决。他们认为风险就是灾难，就是损失，因此看到别人冒险，他们就认为对方一定是疯子。

注意这里讲具有创富思维的人愿意冒险，并不是盲目地冒险。他们愿意冒险并不等于他愿意失败，他愿意冒险是为了获得成功。因此，他们在选择冒险之前，会进行广泛的调研和分析，会付出各种努力去获取有益信息，然后基于确凿的信息和调查的事实做出决定。

大多数人习惯于快速决策，在没有调查研究的情况下，就会笃定结论，用所谓的问题和风险来否定一个机会。

那么具有创富思维的人冒险就一定能够成功吗？他们一定能抓住风险中的机会吗？不一定。正所谓“谋事在人，成事在天”，他们会在尽可能短的时间里做自己力所能及的事情，然后做出行动的决断：冒险或是不冒险。决定冒险之后，他们同样会尽全力去做好一切该做的事情，然后得到成功或失败的结果。

而其他人则习惯于为机会准备，实际上是在拖延。潜意识里是害怕失败，害怕行动，因此有时会不经调研分析否定一个致富的好点子，而有时确定好机会已经到来，他们也不愿意行动，经常拖拖拉拉，直到机会消失。然后他们又会为自己错过机会找理由：“我当时没有准备好。”可就在他们还在准备的时候，有钱人已经行动起来了，要么成功赚到一大笔财富，要么失败得到了致富经验和教训，真正地为下一次机会的到来做好了新的准备。

财富心语

开始之前需要准备，这是必然的，但行动不需要万事俱备。特别是机会到来时，要立即行动，因为你可以在行动的过程中随时调整自己。若你总是想要准备俱全再行动，可能会错过重大的机会，毕竟机会不会等你准备好了再来。

真正的风险是无知

很多人总是喜欢谈论风险，却不知道真正的风险是什么。其实真正的风险是无知。在股票市场走牛的时候，有位朋友进入市场想要大赚一笔，结果亏了老本。正所谓“一朝被蛇咬，十年怕井绳”，从此这位朋友再也不买股票，见人就说股票是赌博。

其实真正在赌博的是他自己，只因他根本不了解股票市场，更加不懂如何参与股票投资。在他的认识中，只有确定性的收益才不是赌博，根本无法接受不确定的资本市场。因为不能接受不确定的市场形态，面对不确定的情况自然也会不知所措。

既然股票市场是赌博，那为什么还有极少部分人可以通过这种“赌博”让自己的资产年复一年的增长起来呢？那个众所周知的巴菲特就是这么富起来的。

投资理财难免踩雷，吸取教训便可，但不能因噎废食，从此就不再理财，怯于投资。即便不参与那些充满不确定性的投资，也应该有所了解，因为那些充满不确定性的投资领域浓缩了一些智慧，对我们的财务生活有很大的启发意义。

充满不确定性的事物，往往有这样的特征：高风险和高收益。就比如彩票，头奖的中奖概率很低，但仍然有可能性。哪怕是百万分之零点几的概率，也有可能发生。而一旦发生，收益就十分巨大。

创业也充满了这样的不确定性。一家小公司，前期投入可能只有十几万，后面发展起来，可能就变成了市值百亿的巨无霸公司。相信很多人都会感到热血沸腾。现实生活中我们经常会看到这样的公司。

不过，先不要激动。实际上倒闭的小公司更多。只是我们看不到，因为它们已经消失了，不能站出来告诉我们风险是怎么一回事。这就导致人们很容易产生以偏概全的认知谬误。

你翻看一只基金的历史业绩，发现过去三年里，其运营业绩很优秀，于是你便认为这只基金肯定很有前途。但是没有想到的是接下来连续两年，基金净值大幅回撤。翻开股票也有同样的困扰：看财报明明连续几年盈利超预期，却没有想到突然爆出资金链断裂的消息。

公司向你融资的时候，会将一大堆完美的数据摆在你的面前，告诉你投资该公司多么有前途，一片光明的未来，令人憧憬和遐想。然而，那些不完美的数据呢？可能都锁在了不见天日的柜子中，埋藏在阴暗的角落里。

那些看不见的东西，其实才是风险。可以预知的、预防的，都不能叫风险。而任何机会都存在风险。如何降低风险呢？就是去学习、去深入了解。了解得越多，风险就越小；了解得越少，风险就越大。

在了解的情况下，制订行动计划和应对策略来降低自己的风险，免得落入血本无归的境地。谈论投资的时候，巴菲特一直强调保住本金，其实就是这个意思。想要保住本金，就要懂得运用适当的策略来降低投资的风险，而运用适当的策略需要你对这种投资极为了解才行。

完全不了解，却兴致勃勃地参与，就只能凭感觉、赌运气，这是在赌博。有了足够的了解，能够采用相关策略降低风险，获得概率优势，就是投资。明白了这一点，想必你也就明白了风险和机会是什么了。

机会不等于财富，它只是一种可能性，可能成功，也可能失败。因为任何机会都存在风险。有些机会风险小，但收入很确定。比如工资收入，只要你参与工作，付出劳动和汗水，就可以获得收入。有些机会风险很大，收入不确定，不了解其中的风险，结果可能是天堂，也可能是地狱。

很多人不知道机会是什么，以为机会就是成功，就是财富，是某种确定性的致富事件或消息。简而言之，他们认知中的机会是没有风险的。正因为有这样的错误认知，许多人一直在等待，一直在准备，就是为了等到那个致富的机会。可是，这样的机会并没有出现。因为根本就不存在无风险的机会。

只要一个人无法做到全知全能，只要他还有不知道的事情，就必然还有风险。可是一个人又怎么可能全知全能呢？所以，我们能够做的就是从提高自己入手，让自己尽可能了解机会，当我们的了解加上相应的风险控制策略，就可以开始进行冒险游戏了。

不要徘徊在寻找和等待的路上，制定适当的风险控制策略，然后开始冒险吧。谨记一点：人类无法预知所有信息。只有疯子才会认为，自己能够知晓未来可能发生或不可能发生的每一件事。

财富心语

要相信自己可以抓住机会，但不要相信自己可以预测未来。假如你恐惧风险，那么你需要的是提高自己的认知能力，深入了解机会，把握机会，然后通过制订相应的策略降低风险，而不是因为恐惧风险而失去机会。

幸运的秘密

通过前面两节的讲述，希望读者能够认识到风险中存在的机会，将更多目光聚焦在机会上面，而不是沉浸在对风险的恐惧状态里，甚至被恐惧左右，停止行动的脚步。

错过机会是重大损失。最贵的成本是时间成本和机会成本。因为恐惧而停止行动或逃避，可能会让你失去致富的好机会。

我们无法否认，许多富人的成功很大程度上都与“好运气”相连，或者说“好运气”与任何事情的成功有关。

然而，如果你没有采取行动将机会引入你的生活，那么幸运之神是不会在未来光顾你的。

那么，我们该怎样去做，才能拥有更多的致富机会呢？很简单，多关注机会，不要因为害怕问题、麻烦而忽视机会。

具有创富思维的人在每件事上都关注机会，不因为存在的问题而忽视机会。于是在他的周围，机会就大量存在。他觉得上天在帮助自己，让自己可以遇到各种各样的发财机会。他要做的就是想办法抓住各种难以置信的挣钱机会。

而很多人总是看到困难、障碍和麻烦，即便致富的机会摆在他的面前，他也只会想到其中存在巨大的障碍。正是因为这样，在他们的周围才存在各种各样的困难、障碍和麻烦。久而久之，他觉得上天总是在刁难自己。因为困难、障碍和麻烦实在太多了，他就只能想办法逃避。

当你关注机会，你才能看到机会。你关注的领域决定了你在生活中的发现。关注机会就会发现机会；关注困难、障碍和麻烦，就会发现困难、障碍和麻烦。

在这里不是说完全忽视客观存在的问题。当问题出现时我们仍然要立刻处理，然后专注于自己的目标，朝着自己的靶心前移，把自己的时间和精力放到我们想要创造的地方。

遇到问题要快速地处理，然后迅速转回你的视野。不要总是停留在问题上。一定不要为了“救火”“防火”而花掉所有时间。“救火”“防火”当然无比重要，但不要完全陷入这样的事情当中。

实际上很多人都有充当“救火队员”的情况：每天忙碌着，四处“救火”，忙着忙着，就忘记了重要的工作。于是一整天忙碌下来看自己的工作成果，却似乎没做成什么事情。

关注致富机会也是如此，总是关注问题，就会忽略关注机会。富有者不会让自己停留在问题的思考中，而会想到更重要的一步：如何抓住机会。

我们要将更多的时间和精力放在机会上，关注机会，想办法抓住致富的机会。所谓幸运的人，就是那些关注机会、想方设法抓住机会的人。如果你愿意去了解，就会发现绝大部分富有者往往都是这样的幸运之人。

他们关注机会，并且积极地将致富的机会引入自己的生活，让自己有一天可以得到幸运之神的青睐。尽管很多机会都只是一种致富的可能性，但他们希望自己的生活里拥有这种致富的可能性，这就是幸运的秘密。

你想要简单而珍贵的建议吗？那就是：关注挣钱、储蓄、投资，尤其要关注机会，而不要总是害怕问题。

财富心语

不要总是因为一些问题就轻易放弃机会。很多时候，幸运的事发生，再大的问题都是小事。必须明白，一旦好运来了，你的财富就会出现大幅增长。就像站在风口上的猪，只要风来了，它再蠢笨无能，也会随风翱翔于天际。

拿到幸运的入场券

我们的人生并不是以笔直的线路前行，它更像是一条蜿蜒的河流。我们只有到了下一个转弯处，才能看见更多。这个时候，我们要做的是进入河流，然后往前走，接下来的场景才会在眼前展现，若是一直停留在第一个转弯处眺望，那就永远不会知道前面是一处深渊，还是一片乐土。

因此，要尽快进入你已经得到的游戏中，无论是什么，无论你来自何方。只有快速进入游戏，才能拿到幸运的入场券。

姚瑶几年前计划开一家昼夜甜点蛋糕店。她研究地点，考察市场，研究各种各样的设备，还研究各种各样的蛋糕甜点。她认为这家蛋糕店要能提供汉堡、蛋挞、冰激凌、牛奶、咖啡等。但是她的店还没有开起来，自己身上却长了好多肉。因为她每天都要吃光自己做的甜点。

于是父亲问她："瑶瑶啊，你知道研究一桩生意最好的方式是什么吗？"

姚瑶摇摇头表示不知道。

父亲说："当然是去亲身经历和感受一番。你不必从头开始自己的探索。你只要得到一份这样的工作就可以学会怎么做。你站在生意外面研究十年，还不如在一个小店里刷盘子学到的东西多。"

姚瑶听从了父亲的建议，她在一家馅饼店找到了一份工作。

从洗碗开始，她逐渐熟悉了整个店的运营过程，对其中遇到的一些问题也做了记录，并学习店长处理的经验。在实践学习了半年之后，她重新制订了自己的开店计划，终于开了自己的蛋糕店。而且她的生意还非常不错。

就如同玩游戏，我们站在边上看别人玩，然后凭着自己的臆想和揣测，指点那些玩游戏的该怎么玩。而真正玩过游戏的高手，不会在边上指指点点，因为他很清楚游戏里什么可以做到，什么无法做到。想要真正了解一个游戏，最好的办法就是进入游戏。

进入你将来打算融入的领域，这无疑是学习生意最佳的方式，因为你从内部看见了全部。一旦你真正进入这个领域，许多机会之门就会向你敞开。然后你只需要找到适合自己的位置就可以了。

更为重要的是，只有真正进入游戏，你才能知道自己是否真正适合和喜欢这个游戏。事实上，我们经常遇到这样的情况：在还没有开始的时候，总觉得自己很适合某个职业，也很喜欢这个职业。可真正开始了，了解到其中的现实情况，才发现自己不适合或不喜欢这个职业。

如果不真正进入游戏，沉浸在自己的计划和幻想里，就是浪费时间和精力。就像前面例子里的姚瑶，如果不去真正实践的话，那很可能以失败告终。

你想要真正了解机会，只有真正行动了，进入了游戏之后，才能见到它，并抓住它。无论是理财，还是创业，都需要真正的开始，而不是计划。机会属于真正行动的人。以下是真正行动的几个建议：

（1）找到一个你想开始的生意或项目，真正进入这个领域。首先去学习经验，如果你已经学过了，别再等待，开始做起来。

（2）保持乐观，开始了就要坚持下去，无论在过程中遇到什么困难，都要想办法克服，相信你会成为幸运的那个他。

最后，还要特别提醒你，拥有机会不代表成功。抓住机会只是可能会成功，而不是必然会成功。因此，对结果保持平常心。

财富心语

投入其实是在购买能够获得产出和利润的机会。真正进入某个领域，我们才会获得这个领域中的机会。尽管结果未必成功，但过程中所得到的东西，其实已经成为我们变富的资本。

推销自己，赢得更多机会

问一个问题：你喜欢广告吗？有的人会说，有时喜欢，有时不喜欢。有的人会说，有些广告很有趣，但大多数广告很没意思。但更多的人会说，我不喜欢广告。事实上，有很多人非但不喜欢广告，而是非常讨厌广告。

为什么不喜欢广告呢？很多人是因为被干扰，还有不少人是因为不喜欢推销。是的，不喜欢推销是我们生活中很常见的现象。但想要变得富有，就要学会推销，并且要养成营销思维。

你或许会问："富有者都喜欢广告吗？"当然不一定，但他们通常不喜欢的是某个广告的无趣，而并非不喜欢广告这种方式，其实他们自己就经常会采用广告的方式，或推销自己，或推销公司产品。

在现实世界里，如果你不自卖自夸的话，很少会有人愿意夸你。特别是生意场合，恐怕更多的是挑你毛病的客户——因为他们要压价。如果你不想方设法找机会自卖自夸，主动展示自己的优势，那么很可能他人就会忽略你的价值。因此，我们要谦虚，而不是要坚持僵化的谦虚概念，该展示自己的优势和价值的时候就要把握机会。

如果你想变得富有，就要想办法将自己的优势和价值推销出去。热衷于推销自己的行动是一个好现象，说明你具有很强的营销思维，很有自信和上进心。

如果你发现自己不喜欢推销，那么就要学会转变自己的思维。这并不是要你去做推销工作，而是要你有意识地引导自己学会推销自己和自己的作品，甚至推销自己的工作、生活的理念与方式。我们可以不懂推销手段和方法，但要有推销的意识。

好的东西就应该被更多人知道，不仅如此，创造出好东西的人更应该从中获益。无论是产品，还是理念，只要是美好的、先进的、给人带来便利的，就应该想办法让更多的人了解并喜欢。

相信很多人其实并不是真正讨厌推销。有的人只是对推销的东西不了解，觉得这东西并没有所说的那么好，那么你要了解这个东西是不是言过其实。这个时候，要注意不要过度夸大你所推销的东西。

有的人不喜欢推销，是觉得推销的行为太功利。其实这是认知问题。商业时代，推销是不可或缺的行动和工作，就像过去农业时代的农民种地要获得粮食、工业时代的工人做工要得到薪水，商业时代的人们推销也要获得收入。

有的人不喜欢推销，是因为过去可能有过不愉快的推销或被推销的经历。有的人在推销过程中遭到过很多拒绝，带来很多失败的记忆，这让人丧失了信心并对推销产生恐惧心理。有的人被人强行推销，或在不恰当的时间被推销人员打扰到了，因此讨厌推销；有的人则因为遇到过不愿接受拒绝、喜欢勉强他人的人，感觉很糟糕，所以觉得推销是种勉强接受的行为。

无论是哪一种不愉快的经历导致你不喜欢推销，你都应努力转变这种思维。明智的人都懂得一个重要的观念：过去不等同于将来。如果过去等同于将来，那么我们的学习、努力、付出将会毫无意义。因此，不要困在过去的不愉快之中，而抛弃了珍贵的推销意识。

还有的人不喜欢推销，是觉得推销是低人一等的工作。即便推销能够给他们带来好处，他们也对推销不屑一顾。如果你有这样的倾向，就要特别注意。厌恨推销往往是获得财富和成功的巨大阻碍，在推销方面有问题的人不仅会很难变得富有，还会遭遇无法突破的财务困境。

如果你不愿意让更多的人了解你，不愿意让人知道你的产品，不愿意让人记住你的服务，那么在别人的头脑里就根本没有你、你的产品和服务的存在，别人又如何会想去找你购买产品和服务呢？无人购买你的产品和服务，你也就没有收入；没有收入，没有现金流，就无法继续展开生产。这是一个死循环。

如果你是一名职场人士，不愿意展示自己的优点让企业了解，那么企业又如何聘用你呢？很显然，那些愿意推销自己的人很快就会成为企业招揽的人才，并且很快就能够得到上司或老板的关注，获得更多的资源，形成累积优势。相反，不愿意推销自己的人则很容易被忽略，得到的资源很少，这样做出来的成绩也会打折扣。同样是死循环。

在商业时代中，也有同样的循环模式。愿意推销，并且能够抢先推销的企业，往往具有先发优势。他们更快地获得收入，更快地扩大生产，更快地开分店。他们常常能够在很短的时间内赚取高额的回报。而推销意识不够的企业，即便拥有优秀的产品，往往也发展得很缓慢，有的甚至生存艰难。

财富心语

只有让更多人认识你，你才会得到更多的机会。富有的人几乎都是出色的推销员，不仅能够随时推销产品、服务和理念，还特别善于包装自己，让自己更加吸引人。

第七章

挑战自己：你值得过更好的生活

每个人都值得过更好的生活，前提是要有相当的理财能力。与其总是强调自我价值，不如想办法训练自己的能力。挑战自己是提升自我能力的有效途径。只要一个人有积累财富的能力，就不妨碍他成为大富翁。

生活不是选择题

古语云："鱼和熊掌，不可兼得。"这句话体现的思维方式主宰了这个世界上绝大部分人的大脑，以至于将一些原本可以兼得的事情，变成了选择题。可是具有创富思维的人可不会这样想，他们相信这个世界可以两全其美。

虽然人们生活在同一个现实世界里，但是结果是完全不同的：有的人生活在丰盛的世界里，有的人生活在充满限制的世界里。导致这种结果发生的原因在于思维观念。换句话说，生活上的差距源于观念上的区别。

若是问："你想要事业成功还是家庭和谐？你想要工作还是娱乐？你想要钱还是美德？你想要获得成长还是获得高薪？"

面对这些两难的问题，小孩子都知道回答："两个都要。"但众多成年人认为只能选择其一，很少有人选择两者都要。若是有人想要两者都选，不免被人嘲笑，甚至遭到批评："你怎么这么贪心呢？要懂得知足，什么都想要，什么都得不到。”“你不可能两个都拥有，只能拥有其中一个。”

假如你想变得富有，你要学会拥有两者兼得的思维。从现在起，每当遇到“要么这样，要么那样”的选择时，先不要着急做出选择，而应该问自己：“我怎样才能两者都拥有？”这样的思考将改变你的生活，带你走进丰盛富足的世界。

这样的思考可以应用于生活中的很多方面，最重要的就是可以帮助我们破除一些谬见。比如，金钱与美德不可兼得，金钱与快乐不可兼得，热爱的工作与赚钱的工作不可兼得，等等。

有人说过：“这个世界上最幸福的人，就是做了一份特别赚钱的工作，而这份工作正好是自己所喜欢的。”之所以有这样的说法，就是因为在这个世界上能够实现二者兼得的人实在太少了，而并不是说没有这样的事情。

事实上就是这样，很多过来人也总是说：“工作是工作，享受是享受，二者不可兼得。哪里有享受的工作？你要努力赚钱过活，如果还有时间的话，再享受生活。”可是如果你真的听了他们的话，你就会变得像他们一样，走进“二选一”的匮乏生活里。

其实，很多貌似两难的选择完全可以二者兼得，只是实现起来并不容易。换句话说，就是这条路很少有人走，难度非常大。但只要你愿意走这条路，不放弃二者兼得的愿望，朝着自己的目标前进，终究有达成梦想的那一天。

可惜的是，陷入狭隘思维的人看不到其中的奥秘。生活中有太多人陷入“二选一”的惯性思维之中。请改变你的思维，特别是关于金钱与其他事物之间的选择，要引起注意。不要相信金钱与其他美好事物相对立的说法。不要相信有钱了就变坏的认识。你完全可以成为一个快乐的、善良的、有爱心的、体贴的、慷慨的、有精神信仰的人：金钱和好品质可以兼得。

非黑即白的思想，有时候是思维垃圾。扫除这种思维垃圾，才能让我们走上真正的财务自由之路。如果你真的想过上没有限制的生活，无论如何，都要扔掉二者不可兼得的思想，保持“两者都要”的意愿。

财富心语

与其相信两种美好事物相对立的观念，不如相信美好事物相互类聚的观念。在生活中，经济基础决定上层建筑。金钱在很多时候是美好事物开花结果的肥料。没有金钱的滋润，生活便会陷入艰难的境地。

别被问题阻挡

生活中我们在遇到问题的时候，往往会觉得麻烦而选择逃避，这其实是畏惧困难的表现。然而逃避问题的结果往往会让我们失去机会。

很多人都希望过上没有麻烦、问题的日子，平和、安宁、简单、幸福，然而现实总是不尽如人意。追求没有麻烦和问题的幸福生活，这并没有错。错的是达成这个梦想的方式不应是逃避麻烦和问题。

当我们经常逃避生活中遇到的各种问题和麻烦时，最终的结果是我们人生中的问题就积攒得越来越多，总有一天我们会被问题压垮的。面对问题、解决问题，才是正确的做法。

经常性地逃避问题会让人变得贫穷，这是可以预见的。因为总是逃避问题，而不去解决问题，一个人的能力就无法得到锻炼，也就无法成长，这样又怎么可能获得财富呢？

想要变得富有，就要敢于面对问题、解决问题，不要试图回避工作和生活中遇到的问题，努力提升自己的能力，让自己变得更加强大。其实这是一个非常现实的世界：当我们的能力比较弱时，面对某些小问题也会觉得很大，因为自己无法解决；而当我们的能力变强时，很多问题都只是小问题。

有人认为富有者能力强大是因为有钱。这种看法有一定的片面性。表面上看能力源于金钱，而实际上是他们的思维不同：他们总是试图解决问题，让自己的能力更强。简单来说，他们懂得从问题中获益。

而试图逃避问题，不愿意去想办法解决问题的人，能力就得不到锻炼，收入也无法提高，职位更是很难提升，所以很难站在更高的位置去解决更大的问题。久而久之，他们的能力就会慢慢退化，解决问题的能力越来越弱。

所以，在生活和工作中遇到麻烦和问题时，不要害怕，而是要主动去面对和解决。

有人说："我就是害怕问题，怎么办呢？每当遇到问题，就觉得压力好大，不知所措。"确实是这样的，每个人都有害怕的时候。特别是在自身能力弱小又遇到大问题的时候，这是非常正常的心理。这个时候，很多人就会想：既然我不能逃避问题，那么我就找一找，看有没有办法摆平害怕情绪。

在这里要告诉大家，不要试图与情绪作战，也不要去摆平情绪，而应该想办法在现实中面对和解决实际的问题。摆平心理问题最好的办法，不是从心理入手，而是从现实生活中入手。当你解决了所遇到的问题时，心理问题、情绪问题也就都没有了。

当我们的能力变强时，解决问题就会异常轻松，绝不会有束手无策的感觉。此时面对各种问题都不是问题，因为我们可以解决它们。

我们总觉得内心强大的人可以无所不能，其实内心强大的人因为能力强大，所以才会无所不能。仅仅依靠内心强大，是解决不了现实问题的。尽量解决更多的问题，这样可以锻炼你解决问题的能力。

其实，现实生活就是围绕问题展开的。我们要明白一个事实：问题无处不在，无论我们是贫穷还是富有，问题始终伴随着我们，从不离开。

我们有能力解决问题，就能从问题中获益；我们没有能力解决问题，问题就会困住我们。问题的大小不重要，重要的是我们能力的大小。当我们关注这个事情时，可能会让我们感到痛苦，因为我们经常发现自己的能力太弱，能够解决的问题很少，还有很多大问题无法解决。但如果我们要进入更高的财务水平，想去看更大的世界，就必须努力地解决大问题、大麻烦。那么，我们应该如何做，才能更好地解决问题，提升个人的能力呢？可以从以下几个方面去做。

1. 主动发现问题

要主动去发现问题，记录问题，安排时间去解决问题。在时间不紧张的时候，或者你觉得无聊的时候，可以理一理自己的生活和工作，看看存在什么问题，然后把这些问题记录下来。而在工作忙碌的时候，一旦发现问题，也应该随时记录下来。

这样，我们就做成了一个问题收集本，然后根据问题的轻重缓急，将重要的、紧急的问题列入优先解决序列，不重要、不紧急的问题可以暂时放下。另外，不要一窝蜂地解决问题，而应该将待解决的问题安排进每天的工作日程中，因为问题是不可能一次性解决完的，所以我们应该有条不紊地工作，这样才能更有效率。

2. 细分大问题

将大问题分解成几个小问题，然后从解决数个小问题入手，最终解决大问题。并不是每个人都有能力解决大问题，但解决小问题的能力还是有的，这个时候，我们就可以学会分解大问题，将它分成数个小问题，一一解决。这个方法的原理其实很简单：实力不太够的时候，不要鲁莽硬干，要多使用智慧。

3. 保持好心态

面对问题，要保持好的心态，不要回避问题，不要抱怨问题。如果实在没有解决问题的办法和能力，可以找人指点。不要钻牛角尖，很多时候有个明师指点一下，比你在那里苦思冥想浪费时间要好得多。富有者其实同样解决不了的问题，但他们明白这一点，所以会去寻求帮助，加强学习。

4. 发现问题中的致富机会

通过解决问题，不仅可以促使个人的能力成长，还可以找到一些致富的机会。很多富翁都是通过为更多的人解决问题而致富的，比如马云，他通过创立淘宝网为无数的小商家解决开店的问题而致富。而我们一些人为什么穷？往往是因为不愿意解决问题，想要不劳而获。

财富心语

不要害怕问题，不要逃避问题，要主动解决问题，从中找到致富的机会。财富人生是由能够解决问题的人开创的。如果你总是因为畏难情绪而回避问题，养成了逃避问题的习惯，那将不利于财富梦想的实现。

致富是勇敢者的游戏

尽管获得巨额财富并非不可能，但会面临各种挑战。若有人告诉你，获得财富很简单，那么多半是骗你的。成为富有者，很多时候都是曲折，充满障碍的旅程。甚至可以说，这个过程就是解决麻烦的旅程。而这正是多数人不愿走的原因，也是多数人不能富有的原因。

大多数人都不想头疼，不愿意竞争，不愿意承担责任。简言之，他们不愿意去面对这些麻烦，所以不能富有。为了获得更多的财富，富人总是表现出强大的一面，他们勇于面对麻烦，虽然也有讨厌麻烦的时候，但他们不会就此轻易放弃。

而无法变得富有的那些人，往往总是害怕麻烦，几乎回避任何麻烦的事情，看见挑战就逃跑。具有讽刺意味的是，他们确保没有麻烦的生活当中，没有钱成了最大的麻烦。

富有的秘密不是试图回避麻烦。你要知道你值得过更好的生活，而这更好的生活需要更加强大的内心。当你在麻烦面前退缩的时候，你的内心就变得懦弱起来。这样的情况下，你又怎么可能变得强大呢？

致富是勇敢者的游戏。如果不够勇敢，又如何过上更好的生活呢。人具有成长性，生活也具有成长性。唯其如此，贫穷才有可能被改变。假如你不愿意成长，那么是无法改变贫穷状况的。

而成长又从什么地方开始呢？从你立志创造财富开始，就意味着你将面对麻烦，这是你成长的第一关：勇于面对，则走向成长；退缩逃避，则失去成长。而富有的秘密在于，让自己成长不惧任何麻烦。

很多人以为："我是自由的，我可以选择。"但现实的结果是你根本没有选择的余地。你只能让自己成长，让自己变得更强大，这样你才能真正过上想要的生活。

面对同样的麻烦，别人感到没什么，而你却感到痛苦，表明你还不够强大。我们经常会遇到这样的情况，总以为自己遇到了大麻烦，瞬间就会产生想逃的想法，却没有意识到这是自己不够强大的原因。因此，你要训练自己觉醒的能力。

当你感到自己再次遇到了大麻烦时，要及时觉醒过来："是因为我不够强大。"这种唤醒可以让你看到自己，提醒自己要成为更强大的人。这样可以让你重拾勇气，积极地面对麻烦，解决问题。

不要害怕麻烦，你能解决的麻烦越大，你所做的生意就越大；你能担当的责任越大，你能雇佣的人员就越多；你能应付的客户越多，你能获得的财富就越多。

你值得过更好的生活，只要你足够勇敢。想要获得更多财富，你就要提升自己，让自己变得更强大。想要过上你想要的生活，就要勇于面对麻烦，让自己的能力快速成长起来。

财富心语

真正的勇敢者是征服内心的人，不再与内心较劲，不再陷入内心的恐惧，只是就事论事，行于所当行，止于所当止。想要实现高远的财务目标，需要这样的勇敢和智慧。

第八章

高效工作：让你的时间更值钱

想要变得富有，就要掌握高效工作的方法。高效工作，让你超越有限时间的束缚，使你在单位时间内创造更大的价值；高效工作，让你进入深度工作状态，收获更多幸福感和满足感。只有高效工作，你才能真正从工作中找到乐趣，并获得财富。

穷忙的心理逻辑

常言道："勤劳致富。"可是让人疑惑的是，许多人整天忙得团团转，努力工作，为什么还是没有变富？为此，有人将不富有的原因归结于工作，认为工作不好，不能赚钱，有的则直接指责工作无意义，认为正是因为忙于工作的缘故，错过了发财的机会，最终才没有变富有。其实，如果不工作的话，不要说发财致富，可能连饭都吃不上。

为什么努力工作、忙忙碌碌，最终却没有变富？其实有个词专讲这种情况：穷忙。这是很可怕的工作状态：投入大量的时间和生命，最终得到的只是疲惫的身体状态、抑郁的心情和少量的金钱。这种工作状态令我们觉得人生毫无意义，既没有成就感和满足感，更无法带来幸福感。

然而，很多人停留在这样的工作状态当中，一边抱着富有的梦想而工作忙碌着，一边抱怨着工作不能致富。为什么会这样呢？一般来说，有三个方面的原因导致了这种情况的发生。

1. 思想观念的偏差

现实生活中有很多人认为忙碌代表的是生产力。只要一个人还在忙碌，就在创造价值。越是忙碌，创造的价值就越多。就是在这种认知情况下，人们对工作的认识变得肤浅和模式化。

当我们看到一个人整天很悠闲，不够忙碌时，就容易产生坏印象：这个人无所事事、游手好闲。相反，当我们看到一个人整天忙碌不停时，就会产生这个人勤劳肯干、正经靠谱的好印象。结果那个很悠闲的人发了财，那个勤劳的人还是老样子。

忙碌不代表生产力，特别是单纯的忙碌，往往需要投入大量的精力，却只能创造极少的价值。只有高效的忙碌，才会创造更多价值。不仅如此，高效的忙碌还能让你省下更多时间，得以悠游过活，享受人生。所以，别以为只要忙碌就可以致富。

2. 工作方法笨拙

勤劳工作，可以致富，并非虚言。很多人勤劳工作却没有致富，只因他们没有更加高效的工作方法，不注重工作成效以及工作目标。换句话说，他们在盲目工作，尽管投入大量的时间和精力，十分勤劳，但是最终的产出太少，或者产出成果不尽如人意，这样就会导致工作价值低下，自然不会得到更多的收入。如此，又如何能够依靠勤劳工作致富呢？

依靠勤劳工作致富，必须在注重工作成效、把握工作目标的前提下进行。唯有有目的、有成效的忙碌才会有价值，而唯有达成更好的工作成果，才能体现工作价值，让人变得富有，同时还能给人带来成就感和幸福感。在这个前提下，若你还能够开发更加高效的工作方法，不仅可以保证获得良好的工作成果，同时还能在有限的时间里大大提高产出，这无疑可以让你得到更多收入。如此工作，怎么能不富有呢？

因此，我们要有目的、有成效地展开工作，不应盲目地工作。毫无目的的忙碌，带来的结果是毫无价值的。如果工作上有个问题，与你所要达成的工作目标无关，那么你就要先将它放在一边，别让它干扰你完成重要的工作目标。

3. 心理状态的问题

有很多人喜欢忙碌，往往是因为内心焦虑的缘故。他们希望通过忙碌的工作来缓解这种不良的心理状态。事实上忙碌是人们缓解焦虑最喜欢选择的工具。忙碌可以让人感到踏实，但要记住，忙碌未必能够带来财富。

有些人的焦虑来源于财务问题，有些人的焦虑来自家庭问题，有些人的焦虑来自业务压力，因此不是所有的焦虑都可以依靠忙碌来解决的。当然，假如你真的掌握了更加高效的方法，其实很多时候你不会感到焦虑，生活上、工作中有很多问题，都可以通过高效的方法来解决。只有解决问题，才能真正消除焦虑。

最后要特别提醒的是，如果只是想要通过单纯的忙碌来转移注意力，等待时间来消除焦虑，恐怕有很多焦虑是消除不了的。

财富心语

要弄清楚自己忙碌的目的，不要瞎忙、穷忙，否则付出再多效益也甚少。工作的产出，不是为了其他什么目的，比如减少焦虑。我们要思考如何工作才能产出更多，如何工作利益才能更大，如何工作才能不那么忙。

以出售时间为生

依靠工作致富是有可能的，只是你需要具有爆炸性收入的工作。假如开始的时候，你收入不高，你可以选择在以后的日子里，寻找一些能够让你有爆炸性收入的工作机会。

什么是爆炸性收入的工作？做生意、影视明星、销售推广等都属于这样的工作。但是你仔细研究就会发现，爆炸性收入的工作通常都有一个特点：收入不稳定，没有保障。要是能力不够，做得不好，就会收入很低，压力极大；相反，如果能力很强，做得很好，就会收入超高，很有动力。简单说，这样的工作就是风险大、收益高。

但是生活中很多人往往不赞成选择这样的职业，人们希望有保障的工作。因此，大多数人选择了稳定收入的工作。

相信你听过这样的建议：“好好上学，考个好成绩，上个好大学；找一份好工作，收入稳定，老实上班；只要你工作努力一点，你就能过上很好的生活。”这不只是建议，其实是存在于每个人头脑中的一份保证书。按照这份保证书，确实有不少人过着不错的生活，但是他们想要成为真正的富翁，却非常困难。

看看自己的经历，再看看身边每一个人的生活，你就会发现这份保证书的威力。其实获得一份稳定的薪水无可厚非，几乎每个人都是从稳定薪水开始的，这个可以保障我们的财富下限和基本生活，但是不要让它阻碍你突破自己的财富上限。

一个人做着收入稳定的工作，并没有什么不好，只是不要一直如此，不思改变。当你有了一定的资本和丰富的工作经验后，就要尝试一些更高额收入的工作或机会。

然而，大多数人依然倾向于得到一份稳定的计时工资。为什么会这样呢？只因他们需要“安全感”。当一个人知道每个月的同一时间都会得到同样数量的一笔钱时，这样一个月接一个月，这种有保障的、充满安全感的收入，就很容易让人感到安逸，久而久之，安逸成为习惯，也就安于现状了。这个时候，人们就很难意识到，这份安全感其实也隐藏着风险。

即便有人意识到这样的事情，但已经习惯了出售时间的工作思维，很难进入高风险的工作场合，要是哪个月没有收入，他们就会非常焦虑。这种焦虑不是工作压力带来的，而是安全感缺失带来的。换句话说，他们完全无法适应无常的工作收入方式，无法面对高风险。

我们都知道，一个人承受风险的能力，往往是随着年龄增长而下降的。但对富有的人来说，他承受风险的能力要强得多。这是因为他们已经适应了高风险的环境，已经能够在高风险的环境下生存。甚至可以这么说，只有在高风险的环境下，他们才会有安全感。

这非常有意思。假如你在年轻的时候没有获得很多钱，没有在高风险环境生存的经验，那么随着年龄的增大，你的安全感就会减少。所以有建议说：年轻人可以有更多尝试，不要害怕犯错。就是说，要趁着年轻有机会犯错时，获得应对风险的能力。

基于安全感的生活就是基于担忧的生活，选择出售自己的时间换得稳定的收入，实际潜意识在说："我担心根据自己的表现不能挣到足够的钱，所以我要安稳地挣钱，只要够生活就可以了。"可是，生活环境不会一成不变，风险无处不在，若是在有机会犯错的时候不多进行一些尝试，以便获得应对风险的能力和财富，最终的生活恐怕很难真正幸福。

所以，总是想要获得稳定收入以及习惯出售时间的人，真正的问题不在于安全感，不在于计时工资，而在于应对风险的意识和能力的锻炼。富有的人也会有计时工资，只是他已经不在乎那点钱；富有的人也追求安全感，只是他的安全感是通过适应高风险环境来实现的。

财富心语

人们没有意识到自己的时间很贵，觉得按照时间领取工资挺好，可以一边通过工作来消磨掉很多时间，一边得到相当的收入养活自己。但这其实是初级的理财观念和工作观念，就好像人的岁数会成长，观念也需要成长一样。不要停留在这样的初级阶段，要寻求发展，让自己和财富都获得成长。

被限制的收入

用时间来积累金钱其实并没有错，只要不一直这样做就可以。你必须懂得理财，这样就算拿的是计时工资，仍然可以通过理财完成较大的财富增长。

因此，领取计时工资的朋友大可不必焦虑，只是你要明白计时工资的缺陷，不要让自己陷入计时工资的思维里。一般来说，计时工资有以下几个缺陷。

1. 限制收入的上限

以出售时间换取收入，如果你的时间是有限的，就意味着你的收入也极为有限。如果你始终选择根据你的时间得到报酬，没有其他的想法，那你基本上就是在扼杀自己致富的机会。随着时间的推移，你的收入不会出现太大的增长。

这个时候，你可以通过兼职赚取一些外快，增加自己的收入，或者寻求一些能够带来高额收入的通道。当然，这要求你在全职工作之余，还有比较充裕的时间，才有可能达成这样的目的。若是时间不允许，你就只有通过升职加薪和理财等方式来实现财富增长。

2. 计时工资的惯性思维容易钳制思想

习惯出售时间的人，一旦想要增加收入，通常想到的就是增加工作时间，结果导致生活、娱乐、健身和学习等时间被工作时间严重压缩，虽然多挣了钱，但使得个人其他方面的拓展受到很大的限制。

在日常工作中，有不少人习惯性地选择大量加班提高自己的收入，却没有时间去学习、交际、健身，这样的创富状态往往是不可持续的，而且获得的金钱数量也是有限的。

毫无疑问，这样的工作观念所带来的财富创造思维是非常狭隘的。虽然我们主张要赚很多钱，也主张要努力工作，但是身体健康不可忽视，实际上在延长工作时间的高强度劳动中，有人损失了健康，有人丢掉了人际关系，有人学习能力快速退化。

如果你总是在想要增加收入时就不断地增加工作时间，那么你要特别注意了。不要被眼前的利益迷惑，而应该放眼长远，考虑未来。财富的积累和我们的人生，都是一场长途旅行，不仅需要爆发力，还需要耐力。

因此，若是能够及时地改变自己的观念，逐步让自己认识到绩效工资的优势，那么你的工作和生活都将发生改变。

绩效工资，就是按照工作效益计算收入。你的工作达成的效果越好，工作成果质量就越好，得到的收入就越多。这种收入方式有时很难量化，因此具有随机性，具有爆炸性的可能。创意、策划、顾问、包装、形象设计等工作就是很明显的例子。

总之，假如你的性格是按部就班，行动能力也不够强，只喜欢那种计时工资的工作收入方式，有保障又比较稳定，那么你要明白这种收入方式的缺陷，不要让自己的收入和思维都陷入有限的时间里。

财富心语

谨慎选择自己的工作取酬方式，找到自己的工作增值术，突破自己的收入限制，打破财务天花板，让自己可以在工作中实现财富的快速积累。这样你才会觉得工作有趣、有意义，才会喜欢自己的工作。

高效方法为时间赋值

在许多人眼里，富有的人是悠闲的，是不需要整天工作的。但这绝不是真实的。实际上，富有的人所做的工作往往更多。只不过，他们懂得更加高效的工作方法，能够在短时间内创造出更大的价值。正因为这样，我们才会看到富有的人悠闲的生活，因为他们可能用几个小时的时间，就能把工作解决，赚到一大笔钱，剩下的时间就可以享受人生了。

经常听人说："分分钟几十万上下。"觉得很好笑，但实际上很多富有的人真的是这样的。他们的单位时间价值很昂贵。你想和巴菲特吃一顿饭，需要支付200万美元甚至更多。

有人觉得花200万美元就为了和巴菲特吃饭聊聊天，太不值得了。但是巴菲特的时间价值确实有这么高。而且，他的时间价值不是由人们的需求决定的，而是由工作效益决定的，也就是说巴菲特的时间价值是他凭借实实在在的工作成效创造出来的。

如果有兴趣，我们也可以计算一下自己的工作时间值多少钱。比如，你的月薪是10000元，每周工作5天，每天工作8小时，那么一个小时创造的价值是62.5元。这样你就知道自己的时间价值是多少了。

假如你计算出了自己的时间价值，就可以从中看出你是不是一个高效的人，甚至想办法去改善。比如62.5元的时间价值，如果你能够改善自己的工作方法，让自己的工作更加高效：4小时完成原来一天8小时的工作，那么你的时间价值瞬间提升为125元。这样一来，你每天就会多出4个小时的剩余时间，可以自由安排，或者优化成果，或者学习充电，或者娱乐放松。

小时候，普通的学生经常看到学霸们天天玩，但从来都不会落下学习，就觉得很奇怪。有人认为学霸们头脑聪明，这是天生的强悍学习能力；有的人思路更奇葩，认为学霸们都是表面上天天玩，而背地里偷偷努力，就是要迷惑其他人，把其他人往歪路上带。

但实际情况根本不是这样。真正的事实是那些学霸往往从小就知道高效学习的秘诀，他们会使用高效的学习方法，在短时间内掌握知识，完成学习任务。所以总会有空余时间去玩乐。而普通学生没有高效学习的意识，他们很少会关注自己的学习方法，往往习惯于死记硬背，所以要花大量的时间在学习上，根本没有空余时间去玩。一旦选择去玩，他们就没有时间学习，这样学习成绩怎么可能好得起来呢？

高效学习的好处在于能够实现一个良性循环的系统：因为能够在短时间内学会知识，剩余大量的时间可以参加课外活动，阅读课外书籍，学习更多有趣的东西拓宽知识面，使得思维活跃、敏捷以及精力充沛。而这些额外的输入，又加强了他们的优势，使得他们的学习能力更强，让他们更加高效。

高效工作也是如此。优秀的人总是越来越优秀，就是因为他们掌握了高效工作的秘诀，使得他们能够在短时间内做出成果，同时剩余大量的时间给自己充电学习，或健身娱乐，让自己精神状态更好。这样反过来又会让他们变得更加优秀，使得他们的工作更高效。

我们一直都在谈论时间管理，其实，最好的时候管理就是让自己的工作更加高效，让我们的时间变得更有价值。那么，如何实现这个目标呢？

1. 建立高效工作思维

没有高效工作的思维，一切都是惘然。很多人蹉跎多年，都没有领会高效工作的思维，尽管上司提过："工作更高效。"但因为只是一句简单的话，根本没有在头脑里形成真正有效的作用。别人提到要高效，首先想到的是要加快速度。但这个时候就会闪现一个问题：追求速度快，质量就不好。

事实上，高效不只是要速度快，还要质量好。明白这一点后，就要想清楚如何才能达成这个目标。答案是改善工作方法，学习更好的工作方法，采用更高效的工作方法。

2. 采用高效的工作方法

我们需要不断地改善自己的工作方法，让它变得更加高效。如果你还不知道如何做，那么可以向他人请教高效的工作方法，让他人给你一些指点，告诉你应该从哪些方面入手去改善自己的工作方法。

改善工作方法，并不是一件一蹴而就的事情，也不是一劳永逸的事情，只要你愿意，可以不断地优化自己的工作方法。

3. 优化工作成果，增加时间价值

当你采用更加高效的工作方法时，通常可以更快地完成工作任务，这个时候会有更多的空余时间，你可以将更多的时间放在优化工作成果上面，这种工作看起来似乎不必要，其实可以大幅度提升你的时间价值。我们一直都在谈工作附加值，其实优化就是最好的附加值。

4. 增加运动健身时间，提升个人精力

这看起来似乎与高效无关，但实际上是非常重要的。与其空谈时间管理，还不如实在的精力管理。增强个人的身体素质，可

以让你变得更加高效。这并不是无稽之谈。

首先，身体素质增强，你的身体抵抗力就会增强，也就不会经常生病，这样既不会耽误工作，又可以省下一笔治疗费用。即便生病之后，身体素质好的人恢复起来的速度也要快许多。其次，本来每天精力状态最好可能只有四个小时，通过提升身体素质，每天最好的精力状态可以延长到六个小时。想象一下，这能为你提高多少效率。

高效工作是富有的人所深谙的秘诀。很多时候他们的悠闲并不只是金钱带来的，更多的是因为他们工作高效。当我们开始掌握高效工作的方法后，就会发现自己也能够拥有更多的时间，而且所能控制的东西也会越来越多，获得财富的可能性也就更高。更重要的是，我们的心理状态会变得健康稳定。

财富心语

增加单位时间的价值，不仅可以提升财富累积速度，还可以让你得到更多的闲暇时间，从而得以享受生活。在单位时间价值大幅提高的前提下，时间变得更加宽裕，你也能够得到更多的发展机会。因此，管理好工作时间，其实也是理财的一部分。

深度工作

深度工作的方法，就是帮助我们进入沉浸式工作状态的方法。工作时整个人的身心都沉浸在工作当中，也就是忘我的工作状态。一旦我们进入忘我的深度工作状态当中，我们不仅可以获得巨大的满足感和幸福感，还可以得到更好的工作成果。

积极心理学家米哈里·契克森米哈赖在他的著作《心流：最优体验心理学》当中提到的心流状态，其实就是深度工作状态。进入心流状态，不仅可以获得更好的工作成果，还可以带来巨大的幸福体验。

思考是最方便进入心流状态的方式。在某些领域，常常以思考来作为修炼的方式，就是为了专心一致，进入心流状态，从而获得超乎一般的心灵体验。比如瑜伽冥想、呼吸禅修等，都与专注力、心流状态有关。因此，在我们准备进入心流状态之前，可以通过安静思考的方式，让自己获得稳定的情绪状态。这对深度工作具有非常明显的好处。除此之外，我们还要在工作上做好一些准备。具体该如何做呢？

1. 目标设定

这就好比射击手要看清目标才能发射，没有目标的情况下胡乱开枪，不仅浪费弹药，还容易带来挫败感。所以，为了不浪费我们的时间和精力，也为了不浪费忘我工作的良好状态，在进入忘我的深度工作状态之前，我们有必要进行工作任务的分类与筛选。并不是所有的工作任务都值得我们全身心地投入，所以要学会将最重要的工作任务安排在我们精力状态最好、思维活跃的大块时间中，这样既有利于我们进行深度工作，又有益于我们的人生发展。

2. 心态要求

寻找反馈并根据反馈及时调整自己的工作，避免因碰壁而消耗自己的工作热情和工作精力。当你进入深度工作状态后，完成了工作任务，得到的却是重做的工作反馈，此时要注意自我调整，避免失去工作热情。所以，在工作之前，要先做好沟通，确认各种工作要求，既可以避免时间的浪费，也可以避免负面反馈带来的消极心态。

3. 难度要求

要注意根据个人能力选择难度适宜的工作任务。个人能力与工作任务难度不匹配，会影响我们进入深度工作状态。如果任务难度太高，个人技能水平达不到要求，那么我们将很难进入深度工作状态，而如果任务难度太低，做起来毫无压力，则会让我们进入无聊状态甚至无感状态，无法从工作当中获得成就感和幸福感。因此，在选择工作任务时，应该选择有一定挑战难度的，同时必须是个人能力水平可以做到的。

有人会问，如果工作任务充满挑战，而我们能力不足时，该怎么办呢？很多人往往会感到焦虑，但是焦虑解决不了任何问题，此时我们应该通过请教他人或其他途径，不断学习新的技能，以提高自身技巧水平来应对挑战，帮助我们进入忘我的深度工作状态中。

4. 环境要求

减少外界的干扰。如果你想进入深度工作状态，就要尽量避免被人干扰，因此在你工作之前，要做好一些安排，比如提前告知同事："接下来的两个小时，我需要做某件很重要的事情，如果没有紧急的事件，不要来打扰我。"同时，找一个相对封闭安静的空间，将手机调至静音模式，并将它放在我们不容易接触到的地方，然后开始工作。

除了这些干扰之外，还有电脑工作过程中的网络使用要特别注意。我们常常会有这样的情况：写报告时需要打开网页查一个资料，然后在查资料时看到一个有趣的新闻或图片，就会不自觉地点进去，结果忘记了查资料的事情。这种情况特别影响深度工作状态。如果你想要避免这种情况发生，就要加强自律。

5. 专注力训练

深呼吸、冥想和运动健身，对进入深度工作状态有帮助。深呼吸，可以放松和舒缓神经的紧张状态，有助于我们进入深度工作状态。冥想可以提高我们的专注能力，对我们进入深度工作状态具有莫大的助益。而运动健身可以增强体质，提高个人的精力。通常深度工作状态需要比较大的精力消耗，没有良好的身体素质是不行的。

散乱的心灵是无法进入深度工作状态的，因此平时多进行运动和静止状态下的冥想训练是非常重要的，可以帮助我们获得更加专注的能力。专注力不是天生的。如果你缺乏专注力，建议你多对自己的专注力进行训练。

总而言之，不要瞎忙，要学会进入深度工作状态，以获得更大的工作价值和更好的工作成果。不仅是工作，还有人生，都需要沉浸、忘我地投入，这样才能收获美好的未来。看看生活中的那些富翁，哪一个不是具备专注能力、心态稳定、能够沉浸而忘我地工作的人？他们或许不知道深度工作这个名词，但他们确实深知专注、沉浸、忘我的内涵和重要价值。

财富心语

工作成果的质量提升，需要专注力的加持。工匠精神，其中最重要的就是沉浸、忘我地投入工作，从而获得优良的工作结果。品质保证带来高价值。若是你能够掌握深度工作的方法，专注于工作，也就能够获得更多的财富。

第九章

管理资产：理财成就财富人生

成功源于自我管理，自由源于自我控制。放任的人生是不倡导的，也不是财富创造者的人生选择。想要获得财富，过上梦寐以求的生活，必须规划和管理你的生活，控制自己在财务上的行为，而不能一味屈从于感觉体验。要控制欲望，适度消费，完善你的财务生态系统，成就你的财富人生。

消费的快感体验

众所周知，赚钱是为了消费，是为了享受更美好的生活，但是在生活中我们很容易沉迷于消费，因为花钱的感觉真的太好了。回忆一下自己的消费行为，是不是也有过被花钱快感体验俘获的经历呢？

不过，我们不愿承认自己没有自制力，不愿承认自己成了快感体验的奴隶，而习惯于美其名曰："挣钱就是花的，否则挣钱干什么呢。"但是，在你说这句话的时候，一定要谨慎地思考一下，自己是否是冲动型消费呢。

实际上，市场经济的发展是需要消费的。人们不能只赚钱，还需要花钱。只有消费，才能让货币流通，产生更多的价值。但从个人理财的角度出发，合理消费是极为重要的。

我们必须明白，一旦沉迷于消费快感中，那么对个人钱袋子的伤害将是巨大的，它会迅速让我们的钱流失掉，更为重要的是不利于理财意识的建立。

下面我们来看拳王泰森的案例：

世界拳王泰森吸金能力超强，他在职业生涯巅峰时，赚到了4亿多美元的巨额财富。可是这个赚钱能力超强的拳王，却从来不关心自己的财务状况，沉迷于纸醉金迷的日子里。他花钱如流水，从来不控制消费，举办一个生日宴会就花费了40万美元，每年花在手机通信上面的费用超过10万美元，经常购买豪车送给朋友。有传言，他购买过100辆豪车。

在毫无节制的消费下，十多年间，这位超级富豪积累的4亿美元悉数用完，还欠下2300万美元的巨额债务。以前称兄道弟的朋友都不见踪影，纸醉金迷的生活也不复存在。为了维持生活，泰森不得不接一些低水平的表演，有时还会给人当人肉沙包。

从巅峰跌到低谷，从身家亿万的富翁到负债千万的穷人，这样的人生经历想必泰森的内心五味杂陈。好在后来他依托自己的名望重新站了起来，虽然不像过去那么有钱，但也过上了不错的生活。只是这样的人生经历，相信没有人愿意再来一次吧。

如果当初泰森具有理财意识，能够有所节制，没有沉迷于消费快感，让自己的收入大于消费支出，那么他的生活肯定会更好一些。当然，泰森毕竟是拳王，他的名望是无形的资本，可以让他重新站起来。

不过，对大多数的人来说，都不希望自己走到山穷水尽的地步。在我们拥有一些钱财的时候，不要胡乱花费。

你可以去看一看，缺乏理财意识的月光族陷入非理性消费之后是什么样的状态。看起来他们特别享受消费的愉悦体验，但是看到他们为账单焦头烂额的日子，就会发现所谓的消费愉悦体验是如此的空洞和不切实际。

有些人明明知道要理财，要合理消费，但是一旦来到商场里，就立马将自己原有的理财计划抛到九霄云外。说白了，他们不知道什么叫合理消费，仅仅知道一个概念而已。真正的合理消费，源于心理控制能力。

一个人看不到自己的心理变化，就意识不到自己被感觉体验左右。本质上，他是不想花钱的，但是有那么一刻，感觉体验成了内心的主人，而他成了感觉体验的奴隶。这样怎么可能会有控制能力，又怎么能够合理消费呢?

更为可怕的是，看不到自己心理变化的人，无法控制自己的行为，连续几次被消费的快感体验俘获，就很容易上瘾。于是，本来是偶尔的快感体验，就可能会变成经常性的体验，最终对财富的伤害是可想而知的。

因此，要学会控制住自己的开支，为自己存一笔钱。如果不能控制自己的开支，那么你很难面对未来。年轻的时候，你还可以说我有“月光”的资格，但随着年纪的增长，精力衰减，又没有财富积累的时候，最终的结果必然是糟糕的。下面两点是具体而实用的控制开支的方法。

1. 将钱花在该花的地方，不要铺张浪费

控制开支不是拒绝消费。在保证正常生活的情况下，裁减不必要的财务支出。怎么才能保证正常的生活呢？就是把钱花在必要和重要的事情上，比如学习认证、能力提升等。特别是大额金钱的支出，一定不要乱花。

2. 养成记账的习惯，掌握自己的开支状况

记账是许多理财师都反复说的方法，这样做的好处就是，让你清楚地知道自己每个月在哪方面的开支是最大的，同时也知道自己哪些开支是必须花费的，哪些开支又是可以砍掉的。必须花费的地方，大胆地花。没有必要的花费，绝不浪费。所谓的理财思维，往往是从记账开始的，这个方法会促使你去分析自己的财务收支状况。

总之，不是不能花钱，而是不能乱花钱。如果你能够赚钱，却仍然时常感到焦虑，那么你就有必要注意自己的财务状况。特别是在消费方面，不要被消费快感左右自己。

财富心语

花钱的感觉是舒服的，但这种舒服的感觉不会长久。购买商品的目的，通常是获得实际的价值，若是只为享受花钱的快感，是非常不理智的行为。从理财角度上来说，消费快感体验不利于理性消费习惯的养成。

花钱的正确姿势

有人说：“富有的人之所以有钱，是因为他们愿意花钱。”而且，在人们的印象里，富有的人花钱总是大手大脚，似乎没有节省、储蓄的概念。这其实是误解。

一个富翁资产上亿，花1万元买条裤子就是节省；而你资产1万，花1000元买条裤子就是奢侈。

不要忽略富有的人创造财富的数量和速度，相对而言，他们的收入远远超过他们的支出。尽管他们一出手就花十万、百万，可是他们的收入是千万甚至上亿。

花钱大致可以分成两类：一是投资，二是消费。如果你打算花钱，就要考虑在这两方面的投入比例。你若还不是十分富有，那么你要珍惜每一笔钱，你需要将更多的钱用于投资方面，且要特别控制消费。

富有的人已经很有钱了，实际上他们也将更多的钱用于投资，用于消费的资金只占他们总资产的少部分。相反，若是长期让支出大于收入，没有更多的钱放在投资上，那么即便是富可敌国，也总有坐吃山空的一天。

如果你想积累财富，就要注意自己的花钱方式，要清楚自己的花钱方向。记住，不是要你不花钱，而是要你学会调整花钱的方向：在消费方面少投入，在投资方面多投入。这样你才能越来越有钱。

生活中，很多人其实很擅长赚钱，但同时享受着所谓高标准的生活。他们赚来的钱常常很快就花光。表面上看，他们过着有品质的生活，但他们的财务状况其实存在严重的问题：没有把累积的财富用于钱生钱，没有为自己和孩子的未来做储备，没有紧急备用金。这样的富裕生活其实是非常脆弱的。

就因为这样，非常多的人群陷入焦虑之中。说白了，都是因为不懂如何花钱。虽然赚钱能力很强，月入数万，却毫无积累，更不用说财富增值。

换句话说，赚来的钱似乎都花在了消费上，投资方面没有丝毫投入。自己的工作能力很强，但结果感觉白干了一场，未来没有丝毫托底的感受，又怎么可能不焦虑呢？

有人说：“我有信心未来会赚更多的钱，才不在乎什么存款和保障。”人有信心是好事，但信心不能完全和赚钱能力画等号。

我们不知道未来的形势会有何变化，也许今年你抓住某个机会赚了很多钱，但明年这个机会就让你赔很多钱。

当你赚来了钱，就一定要将一部分钱转入投资，不要全部用于消费。在这里还要特别提醒你：有些貌似投资的产品，也是消费，而有些看似消费的产品，也是投资。比如房产，既是消费品，又是投资品。高档汽车、大额保单等，往往也具有消费品和投资品的双向属性。在你进行投资时要注意选择。

富有者的消费思维，更多注重功能需求、品位需求。所谓品位，更多是一种文化感受，是无法量化的感性的东西。消费的时候，要考虑自己是购买功能，还是购买品位。在没有特别多钱的时候，购买性价比高的产品；在经济宽裕的时候，购买有品位的产品。

至于投资，在你还没有弄明白的情况下，建议你不要妄动。投资不是灵机一动、心血来潮的事情，你需要在进行投资之前，了解这笔投资最大的风险是什么，而不是先看自己能得到多少回报。最大的问题是你可能不明白自己的风险是什么。

就比如P2P热潮中，很多人首先看到的是收益率12%、15%，甚至20%、30%，并且想当然地以为自己可以保本。反正钱放在银行里也没有多少利息，不如放在P2P里。

结果P2P平台倒闭，老板跑路。原来最大的风险不是没有收

益，而是亏损全部本金。这是每位想要投资的人都需要意识到的一个问题，也是必须避开的投资问题。

财富心语

消费时只买真正需要的东西，只买真正喜欢的东西，只买真正实惠的东西，能够做到其中一项，都是非常了不起的。只要你能够做到其中一项，你的财务收支状况就应该不会太差。投资时管理好自己的资金，不要将自己的全部金钱都投进去，可以有效控制风险。

管理你的每一笔金钱

财富需要管理，金钱需要打理。但是生活中，很多人更多倾向于思考如何赚钱，很少有人想过如何管理金钱。有的人则觉得自己的钱太少，没有必要浪费时间和精力去管理。这都是片面的想法。

如果要等到你手上有钱的时候再去理财，那么很可能你永远不会有钱。其实就是因为没有钱，才更需要理财。

朱先生夫妇在没有理财概念的时候，常常遇到很多金钱上的问题。尽管朱先生能够赚钱，但是他们总是有还不完的债务。他们不知道为什么会这样。有好几次，朱先生从公司里得到了丰厚的奖金，一举付清了信用卡，但是几个月过后，他们又会回到借钱负债的生活状况。

夫妇两人都非常沮丧，因为他们挣多少钱都不顶用。由于债务始终存在，生活处于焦虑之中，他们经常发生争吵。这其实是很多家庭都发生过的事情。家庭中的经济状况是维持一家人生活的重点所在。如果重点出现问题，又怎么可能不发生冲突呢?

没有办法，他们就去寻求帮助。理财师为他们的收入支出做了详细的分析，发现他们的收入并不低，而朱先生完全没有理财的概念和管理金钱的行为，加上他又比较强势，朱太太虽然有管钱的意识，但性格比较软弱，不能阻止朱先生大手大脚。

理财师将自己得出的结论和对金钱的思考告诉了两个人。两个人恍然大悟。朱先生也认识到自己再也不能任性地花钱了，需要管理金钱。于是，他们停止了相互责备，开始理解对方，根据理财师的建议开始管理家庭财务，控制开支。果然，情况逐渐变好。他们不再举债，而且还存下了很多钱，这是十几年来夫妻二人第一次拥有真正的存款。他们不仅为将来攒下了钱，而且还有足够的钱进行正常的日常开支、娱乐、教育。他们还参与投资了一家小饭店，每年都有不少的分红。

仅仅因为有了理财的意识，他们的生活前后就有了天壤之别。过去，他们花钱后总是焦虑万分，而今他们花钱已经心安理得，因为他们花钱都是有计划的。就在这样的状态中，他们感到了自由和幸福。

所谓的自由，就是能够管理自己；所谓的幸福，就是能够管理自己的生活。若是不能管理自己，不能管理自己的生活，那么可以很肯定地说：这个人还是感觉的奴隶。该如何管理自己呢？不妨从管理自己的每笔金钱开始。

富有的人之所以有钱，是因为他们养成了管理钱财的习惯。而经济拮据的人不擅于管理金钱，要么只知道单纯地存钱，要么只是单纯地消费，根本没有正确管理自己的金钱，也没有相应的金钱管理思维。

因此学会管理钱，这样才能避免财富流失，让自己变得有钱。掌控金钱，管理金钱，才会变得有钱。

一般来说，要学会管理小量金钱。小问题都解决不了，要解决大问题往往更困难。学会管理小钱，让自己的小钱慢慢变成大钱，管钱技能就会逐步提升。更为重要的是，这样做可以培养金钱管理的习惯，这比拥有的金钱多少更重要。

那么，到底该如何管理我们的金钱呢？可以这样做。

1. 开设一个独立的账户，专门用于投资

你可以定期将自己每个月收入的10%放入这个账户。这些钱只能用来投资获得收益，绝不用于其他用途。当你退休时，可以得到丰厚的养老金。

开始的时候，需要强制自己定期存入，这时会感到很艰难，但久而久之，形成习惯就好了。拥有这样一个投资账户，你可以感觉到踏实、从容，避免一些焦虑的心态。

2. 开设一个独立账户，专门用于家庭娱乐

管理金钱要注意平衡，不能一味地省钱，一味地投资，也要有消费，提升自己的生活水平。家庭玩乐账户就是要让我们学会消费，学会平衡生活。

有人省钱省得太狠了，完全不消费，结果有一天说：“这是何必呢，我受够了。”然后冲动之下花掉了好不容易积累的积蓄。家庭娱乐账户的存在，可以帮助你避免这种冲动消费的情况，同时又能让你的生活变得更加美好。

当你过省钱日子过得太苦闷时，可以调出娱乐账户里的钱来调剂一下生活，比如品尝一瓶好酒，或者住一晚高级酒店，又或者来一次旅行。这样偶尔的“奢侈”，既有享受，又有节制，是极好的金钱管理计划。它告诉我们：省钱存钱是有回报的，管理钱会让生活更美好。

3. 开设其他账户

按照前面两个账户的形式，结合自己的情况，我们还可以依

次建立其他账户，比如失业备用金账户、个人学习账户、恋爱结婚账户、育儿账户、孩子教育基金账户等。这些账户里具体存入多少钱，你可以根据自己的情况来决定。

总而言之，金钱需要管理，才会稳定增长。管理金钱看似无聊而麻烦，却可以帮助我们积累财富。如果你正处于焦虑的人生状态，为没有钱而苦恼，那么不如管理一下自己的钱袋子，这或许会让你的生活状态发生改变。现在一无所有并不重要，重要的是，立即开始管理你的钱。

财富心语

日子要过好，钱就要管好。表面上是在管理金钱，其实也是在管理生活，管理行为，管理欲望。假如你热衷于享受，屈从于自己的感觉，完全不愿意管理自己的行为和欲望，你就很难管好自己的钱，最终你的生活就会出现问题。

赚钱的管道

在积累财富的道路上，很多人都经历过这样几个阶段：用时间换取金钱，用成果获取金钱，用金钱赚取金钱。在用时间换取金钱的阶段，有意识地拓展自己的赚钱管道，一旦成功，就会获得爆发性收入。

举个例子，著名畅销书作家当年明月原本是一名海关工作人员。工作之余写了一本历史读本《明朝那些事儿》，结果一炮而红，获得了几百万甚至上千万的版税收入。

当然，做这样的事情，你必须有时间才行。如果老板买断了你所有的时间，导致你天天加班，那你根本无法打造自己的赚钱管道，只能依靠工作上的收入提升，让自己获得财富的增长。

这样的话，你就需要在工作方法上下工夫。比如，提高你的单位时间价值，让你的收入可以快速倍增，并尽可能地将自己的时间从繁忙的工作中抽离出来。

如果你的工作没有施展高效方法的空间，实在无法提高自己的时间价值，你就只能换一份工作了。

用成果获取金钱的工作，若能快速复制成果，也可以获得大量的财富。打个比方，你是一个面包坊老板，原本每天你只能做100个面包，但是你改进了面包机，每天可以做500个面包，那么你就可以开更多的分店，或者干脆开一家面包公司，让自己赚更多的钱。

当我们积累出了人生的第一桶金，就要转换思维，让金钱逐渐替代我们去做赚钱的工作，将大量的工作时间置换出来，这样我们才会有更多的时间享受生活以及做自己喜欢的事情。

如果你的工作本身很赚钱，或许可以不用考虑这些，至少对拓展赚钱管道的要求没有那么紧迫。比如企业高管、集团老总，他们的工作收益很高，个人的选择空间会多一些，自由度也大一些。很多时候，赚钱管道对他们来说并不是当务之急。

但对于必须为了钱而工作的人们来说，就需要有意识地打造自己的赚钱管道。因为处在这种境况的人们，没有太多选择的余地：能够选择的工作种类不多，可能无法做自己喜欢的工作，可能没有时间去旅行、游戏或谈恋爱。

富有的人能把时间花在娱乐和放松上，就是因为他们拥有用钱赚钱的管道。毫无疑问，用钱赚钱要比用人赚钱更有效率。

我们确实都需要为金钱而努力工作，但懂得用钱赚钱的人知道这种情况只是暂时的。而从来没有想过用钱赚钱的人可能需要为金钱努力工作一辈子。

整天为钱忙碌，会让人对工作产生怨气。只有让钱为你忙碌，为你工作，为你赚钱，金钱对你来说才会是正能量。

在很多人的印象里，用钱赚钱是懒惰的表现，因此他们没有用钱赚钱的观念和意识。然而，那些聪明的人早早地就开始用钱赚钱了，他们从一开始就想要拥有自己的公司。如果你不想为钱工作，就要学会让钱为你工作。如何用钱赚钱?

1. 创业开公司

如果你有足够的魄力，可以选择创业开公司。事实上，大部分富有的人人都是通过开公司致富的。公司是最有增值力量的赚钱管道。十几万、几十万的初始投入，可以达到成百上千倍的财富增长。

2. 学习投资

学习投资的相关知识和方法，熟悉不同的投资手段和财务工具，如房地产、保险、股票、基金、债券、外币兑换、贷款等。

我们需要全方位地了解各种投资方式，然后选择一个主要的投资领域，成为这个领域的专家，并通过该领域的投资实现财务增长。然后在这个基础上，学习其他投资领域，进行多样化的投资。

财富心语

理财的目的，就是通过财富的积累，让钱生钱，最终将自己的时间从工作中置换出来。这就是财务自由。当然，这并不表示财务自由就是无事可做。至少你需要保持自己的理财能力，维持好自己的赚钱管道，不要让自己的财富水池枯竭。

你的金钱生态系统

理财需要系统思维。没有系统思维，很难有好结果。然而，现实生活中许多人都缺乏系统思维，考虑问题往往不全面，思维方式常常片面化和简单化。进入投资领域，这样的情况就变得更加严重。

举个例子，在股票投资市场里，人们最喜欢问的一个问题就是：哪只股票会涨？如果你的股票投资有不错的收益，则会有更多的人希望你推荐牛股——最好能够翻倍的牛股，10倍，20倍，甚至100倍。好像只要找到一只大牛股，无须劳神费心，买入就可以坐等赚钱，从此一举成为富翁，实现财务自由。还有一些人则希望得到方法："我不需要你推荐牛股，你教我选择股票的方法吧。"为此，他们愿意付出一笔学费。当然，他们希望学到的方法类似于绝世武功秘籍上记载的投资法门。他们认为只要学会一种方法就可以赚到钱，从此走上人生巅峰。

表面上看，他们有些急功近利，实际上是没有系统思维。其实在生活中具有这种思维方式的人有很多。具体的表现就是：习惯性地以单一事件代表整体状况，以浅层现象当作标准衡量客观世界。我们把这种表现称为点状思维。

哪只股票会涨？这就是点状思维的一种表现。这种问话背后的投资认识是：你只要告诉我哪只股票会涨就行，其他的不重要。在这些人的思想里，获得巨额财富只需要买到牛股就可以了。但稍微有点见识的人都知道，这种想法太幼稚了。

哪种选股方法可以稳定盈利？这同样是点状思维的一种表现。这虽然比希望获得荐股的见识更广，懂得掌握一门技术、技能的重要性。但仍然还在点状思维的窠臼里。诸如“一招鲜吃遍天”“学好数理化，走遍天下都不怕”之类的观点，体现的就是工业化初期的思路。

毫无疑问，随着科技的进步、时代的发展，掌握的某种技术或方法，往往很快就会失效。不论是投资领域，还是实际的工作生活，都是如此。

点状思维的认知模式是不可取的。期待做了某件事，或买了某只股票后，转眼间就获得财务自由。或者期待只要学会某种技术或方法，就能赚到爆炸性的财富。那都是极小概率事件，不可尽信。点状思维不仅无法创富，还会让你陷入困境。

有个年轻人因为过年想要给家里的长辈们做体检，刷了1万多信用卡。因为刚刚参加工作，工资收入不高，所以他办了分期。然而，没想到次月因为离职，贷款还不上。他只能从其他地方借款还信用卡。

这样贷款倒来倒去，越滚越大。因为欠款和还贷的压力，他的生活变得一团糟。工作总是干不长，嫌钱少，心不定。形成了恶性循环。

为了能尽快还钱，在大牛市的时候，他借钱杀入了股市，希望赚一笔大钱，一举搞定负债。然而，贷款到点要还钱，股票无法长线持有，只能陷入短线频繁交易、重仓进出的陷阱，结果钱没有赚到，反而损失更多。

6年时间过去了，他的个人欠款达到10多万。他的行为所表现出来的，其实就是“有一出没一出，走一步是一步”的点状思维，忽视系统的强大作用。

成为富有的人，不是有一出没一出地碰运气，而是有计划地展开系统性工作。好在这位年轻人经过痛苦的6年负债生活之后，终于觉醒了过来。

他开始学习理财知识，从整个人生发展的角度，全面地规划自己的人生道路，开源节流，量入为出。用了整整2年时间，他不仅还清了自己的债务，还拥有了一笔存款。

真正有效的创富思想是系统性的。并不是做好某一方面就能发大财。我们经常说：“用战术上的努力掩盖战略上的懒惰。”其实真正明白这句话的人并不多。所谓战术，往往侧重于某种方法、某个方面，而战略是从整体布局考虑问题，其实就是点状思维和系统思维。

很多人都走不出战术的局限，无法上升到战略层面，因此看问题的视野会很狭窄，既看不到远处的机会，也看不到远处的危险。这样的情况下，不可避免会走到失败的悬崖边而不自知。买到了牛股或掌握了某种方法，也不见得就能获得巨额财富。

那么，如何才能建立系统性思维、进行战略性思考呢？其实很简单，理财方面就是学会资产配置。事实上，具有系统性思维的人喜欢进行资产配置，他们将自己的钱投在不同的投资品类上，如股票、基金、债券、房产、黄金、保险等，即便是投资单一品种，也会想尽办法建立投资组合，避免将所有的钱投在一个地方；而拥有点状思维的人，则往往习惯于将希望寄托在某一个点上。

财富心语

在日常生活中，只有极少数的人重视战略层面的思考，因而他们富了。而大多数人却忽视战略层面，往往在战术上勤奋，以至于一直停留在富裕的门外。

让生活美好的资产配置

当你知道理财是系统化的，就明白谈论一个人是不是有钱，绝不是看这个人的工资收入有多高，而是要看整体资产的价值。马云的工资收入并不高，但他手上持有的公司股权价值上千亿。因此，工资收入的高低并不能说明什么，因为他们的财富往往不是以工资收入存在的，而是以资产配置存在的，更有甚者，有些富翁的整个资产配置已经形成了一个完全的生态系统。

要计算他们的资产净值，就要把他们拥有的每一项东西的价值加起来，包括他们的现金和投资，比如存款、工资收入、股票、债券、房地产、生意等。将这一切资产计算在内，才能算出一个人的真正财富。这看起来很复杂，其实就是三项：收入、存款与投资、消费。

想要获得高净值，就要在这三个项目上下功夫。

1. 收入

收入大致可以分成两种：主动收入和被动收入。主动收入就是从积极的工作中赚来的钱。主动收入要求你投入自己的时间和劳动去挣钱。主动收入是重要的，是很多人资产净值的开始。如果没有它，也就没有资产净值的其他三个项目。主动收入就好像最初的一颗种子。在财富积累的初级阶段，你挣的主动收入越高，你的存款和投资就越高。

虽然主动收入不可或缺，但它只是整个资产净值的一部分而已。可惜的是，大多数人只关注主动收入，因此，他们的资产净值都很低。至于被动收入，是不需要付出工作和精力便可以挣到的钱，这个部分往往是由投资来实现的，是财富积累后期的重要手段。

2. 存款与投资

存款也相当重要。如果你挣了很大一笔钱，却没有积攒下一部分，而是全部消费掉，那么你将永远无法积累财富。你的资产净值也永远不会成长。没有存钱的意识，再多的钱也会觉得不够花。存钱是为了长远的未来，是为了有投资的可能。

储蓄一部分的收入，有了存款，你才能走向下一步，让你的钱通过投资来增长。很多富有的人愿意花时间和精力去学习投资，让自己成为卓越的投资人，还有一些富有的人会雇佣出色的投资人为自己工作。

很多人知道存款的重要性，却常常认为投资是有钱人做的事，所以他们从来不去学习投资的技能，只在主动收入上下工夫，从来不理会投资这种被动收入，结果只能拥有很少的存款，维持着极低的资产净值。

3. 消费

很少有人意识到消费在创造财富中的重要性。事实上现在流行的极简主义的品质生活方式，就是有意识地控制自己的消费，通过购买有品质的必要用品，减少不必要的生活消费，以降低生活成本，提高生活品质，并且增加存款。

采取极简生活方式的人，不仅具有可以投资的资金，还有更多空闲的时间以及专注力进行投资学习。

韩小姐在参加工作不久，就购买了一处小型住宅。那时她只支付了30万元。房价逐年上涨，七年之后，她把那处住宅给卖了，价格超过150万。她的利润超过120万。本来她考虑将所有的钱拿出来购买一套新的、更大的住宅，但后来她接受极简主义的生活方式后认识到：如果这笔钱用于投资，每年的收益率是

10%，就是15万元。她可以从投资中赚钱，甚至不用工作。

于是她没有购买新的大房子，而是选择在一座小城花20万元购买了一套不错的房子，然后开始了自己的极简生活和投资生涯。5年时间过去了，30岁的韩小姐已经获得财务自由。她拥有了一家小咖啡馆，两个商铺，还有股票、基金、债券等金融投资，资产净值突破了1000万元。

韩小姐实现真正的财务自由和个人独立，不是通过去挣很多钱，而是通过有意识地进行资产配置，通过投资，降低个人的生活消费来完成的。她现在仍然在工作，不过她在享受工作的乐趣，而不是必须去工作。其实她每年只工作六个月，剩下的时间就到海南岛的小城度假。度假的时候她仍然保持适中的生活方式，不住昂贵的高档酒店，而是选择租住在住宅中。

在你认识的人中，有多少人愿意每年只工作半年，剩下半年住在海南岛度假而不再工作，而且是在30岁的黄金年华？那些愿意这样做的人中，又有几个有条件实现这个愿望而不担心有经济问题的呢？而韩小姐就做到，这是因为韩小姐的简单的生活方式，无须大笔的生活开销。

那么，你想要达成什么形式的财务自由呢？如果你需要住在大都市里的别墅里，想在度假胜地拥有几套度假屋，想要拥有数辆世界顶级豪车，想要每年都环游世界，想要经常吃鲍鱼、海参、鱼子酱，想经常喝顶级葡萄酒和香槟，那也是极好的追求。但是你一定要知道，设定的目标越高，你积累财富的时间越长。仔细想想你想要的财务自由是什么吧。理财不仅要打理钱财，还要打理自己的欲望。为了未来的发展，要控制当下的欲望。

财富心语

资产配置作为一种投资策略，需要懂得进行分散，比如我们常说的不要把鸡蛋放在同一个篮子里，就是为了减少风险，尽量实现资产种类和具体投资的多元化，将更有利于创造我们幸福的生活。

第十章

放眼未来：收获长久的幸福

要为未来考虑。我们不仅有眼前的生活，还有未来的生活，若是不能未雨绸缪，只顾今天不思明天，生活何来幸福？我们应当看到更远的人生，追求长久的幸福，为了未来的发展，可以控制当下的欲望。我们更应当知道生活是一时，而是一生。即时满足，不如长久幸福。

稀缺心态

有个富人特别热心，想帮助一个穷人脱贫致富。一年冬天，富人送给穷人一头健壮的公牛，并建议道：“有了这头牛，你就可以耕作田地，到了明年的秋天就能脱贫致富了。”于是穷人满怀希望地开始了奋斗。

可是牛要吃草，人要吃饭，没过几天，穷人的日子过得越来越艰难。穷人便开始琢磨：“不如把牛卖了，买几只羊，然后杀一只救急，剩下的可以养着生小羊，小羊长大了再拿去卖，赚更多的钱。”

穷人想到这个方案，便立刻行动了起来。然而，还没等到小羊生下来，他就吃完了一只羊。日子又艰难了起来，他最终忍不住又吃了一只羊，最后只剩下了一只羊了。

穷人知道之前的方案有问题，于是又想出新方案：“不如把羊卖了，买几只鸡，这样鸡很快就会下蛋，鸡蛋一卖，日子就能好转了。”想到就做，穷人果然将羊换成了几只鸡，可是等不到鸡下蛋，日子又艰难起来了。

于是，穷人又忍不住杀鸡吃。最后只剩一只鸡时，穷人已经失去了致富的希望：“本钱都没有了，还致什么富呢。不如把鸡卖了，打一壶酒，三杯下肚，享受一把。”

到了春天，富人带着种子来到穷人家，发现牛已经没了，而穷人正在喝酒。富人长叹一声，一跺脚走了。

这个寓言告诉我们一个道理：一个人因为贫穷，资金紧张，所以看不到更远的目标。

有许多专家都研究过贫困问题，他们都试图找出导致贫困者无法走出困境的原因。美国经济学家塞德希尔·穆莱纳森与心理学家埃尔德·沙菲尔经过十年的研究，给出了一个答案——稀缺心态。正是稀缺心态造成了贫困者始终无法走出贫困的原因。

那么，什么是稀缺心态？简单来说，就是“越是缺什么，就越在意什么，而越在意什么，就会因此做出短视的决策”。重点不在于稀缺心态是什么，而在于稀缺心态导致的结果：当人们越缺钱，就会越在意钱，从而只看到与钱直接相关的事，而看不到更多、更远的目标。

这个稀缺心态所讲的内容，与寓言中所讲的情况很像。稀缺会俘获人的大脑和心智容量，形成管窥之见，看不到更远的事物。

在我们的生活中，这样的事情屡见不鲜。有人因为省钱，给自己的孩子购买低价商品，结果造成孩子的身体健康出现问题。比如，买了假冒伪劣的鞋子给孩子穿，结果穿坏了脚，或是给孩子买了质量差的棉袄，结果穿出了一身的疹子。

很多人经常用“爱贪小便宜”来评论这样的人和事，其实穷困的人自己知道不能贪小便宜，但是由于没有钱，使得他的视野狭隘，形成管窥之见。他想到购买便宜的东西，结果因为品质不好，用不了多长时间就要更换，而到了再次购买时，他仍然会不自觉地选择便宜的东西，忽略品质的考量。

更为严重的是，由于稀缺心态所造成的管窥之见，我们经常看不到自己现在所做的很多决策带来的重大风险，或者是知道存在风险，往往还抱着侥幸心理，选择无视。很多人都知道购买保险是很好的理财，可以有效地降低人生风险，保障家庭和个人未来生活的稳定。但是由于金钱上的缺乏所造成的管窥之见，我们总是不自觉地放弃保险在理财方面的配置。因为未来还没有来，而眼前的生活和问题才是要紧的。

就像前面的那个穷人，如果他看得到未来，那么他的做法可能是完全不同的：他可能会坚持不卖牛，千方百计地挺过开始那段最艰难的日子，然后过上耕作生产的正常生活，最后通过积累成为殷实富足的人。

经常听到有人说：“贫穷限制了我们的想象。”其实进一步解释就是贫困现状造成的稀缺心态，稀缺心态造成的管窥之见，从思想、心态和行动上束缚了我们，最终让我们不知道还有更好的选择：可以看向更远的目标，找到更好的选择和行动计划。

财富心语

当我们缺少一件东西时，思维会集中在眼前迫切需要上，因此会变得热情和专心起来。不过，也会让我们陷入只见树木不见森林的窄视之中。因此，投资不能贪小便宜，要看得长远，才能获得财富。

风物长宜放眼量

具有创富思维的人目光长远，不会为了眼前的享乐而罔顾未来的生活，他们会为未来考虑，在自己财务偏紧的时候，通常会选择延迟满足；在财务较为宽松时，他们会平衡好花销与投资。他们要的不只是未来生活的保障，而是财务自由。

许多经济拮据的人受限于稀缺心态的影响，往往只看眼前，习惯于即时满足。他们说："我今天都生存不下去，怎么可能为明天考虑。"然而很快明天就会成为今天。今天的问题到了明天依然无法解决。

如果你没有管理好今天的问题，没有为明天的生活做好准备，那么到了明天，你仍然会遇到同样的问题，还会说出同样的话语。

为了增加我们的财富，为了实现我们的财务自由，如果我们不能挣更多的钱，就只有省下更多的钱。没有人会逼着我们去挣钱，也没有人逼着我们去省钱，当然，更不会有人逼着我们去花钱。所有的决定和行动，都是我们自己做出的，而这些决定和行动会带来什么样的未来生活，也只有我们自己去体验。

当我们想清楚这一点后，或许就会对自己的财务行动有所反思。住什么样的房子，开什么样的车，穿什么样的衣服，吃什么样的食品，都是由我们自己决定的。我们有做出选择的能力。从某种角度来说，我们现在的每个行动，其实都是在选择未来的生活方式。

大多数人往往选择即时满足，享受现在。只有极少数人会平衡现在的生活和未来的生活，他们会为自己的生活选择安排出优先次序，把实现财务自由当成最为优先的目标。所以他们会在很多方面放弃即时享受，而选择延迟满足，在满足基本生活之余，会更多地考虑储备一些钱，为财务自由增砖添瓦。

有对老人开了一家很小的便利店，他们依靠便利店卖一些香烟、糖果、冰激凌等货品维持生计。这些小买卖利润微薄，所以赚的钱并不多，老两口也从不乱花钱。

除了生活的基本费用之外，赚来的零碎钱都积攒了起来，用积攒下来的钱支付房贷。25年的时间，他们付清了房子的贷款，还付了另一套房子的首付。

这对老人并不是特别有钱的人，但他们比绝大多数人都过得好，他们平衡了现在与未来，不追求即时满足，而是考虑长远。到了60岁退休的时候，他们拥有自己的房产和生意，还有很不错的晚年生活。

然而有的人无法平衡自己的生活，为了即刻购物欲望，常常将自己的收入全部贡献出去，有的甚至花掉了未来的钱，走向透支的生活。这样做带来的后果往往很严重，一方面，让我们欲望膨胀，产生冲动型消费和享乐型消费的习惯；另一方面，透支我们的未来，导致财务自由的目标实现出现严重问题。

陆小姐的父母在财务上极为保守，平时花钱十分节俭，出门旅行能住普通小旅馆就绝不住酒店，能乘坐普通列车就绝不坐飞机。从他们的消费方式判断，或许你以为他们生活拮据。但实际上他们挣的钱并不少，一年收入大约有40万元。所以陆小姐一直都无法理解父母极度节俭的行为。

陆小姐工作赚钱之后，采取了与父母相反的消费方式。她总是买各种高级而昂贵的东西，出去旅行要住高档酒店。她很快就习惯了大手笔地花钱，挣的钱很快就花光了。很显然，刚刚工作不久的她，挣钱的速度远远赶不上花钱的速度。于是，她办了信用卡和各种会员卡，开始透支消费。

债务越来越沉重，陆小姐终于尝到了苦头。她开始有些后悔：或许像父母那样过节俭的生活，一切都会好很多吧。

陆小姐开始理解父母的保守生活，也明白自己花掉那么多钱很大程度上像是在赌气。她并没有真正理解花钱的意义，只是将钱当成一种满足享受的媒介。毫无疑问，她对金钱和财务观念的理解是非常肤浅的。

当陆小姐明白了这些，她决定改变自己的花钱方式，开始为自己的未来考虑，并慢慢地学会平衡未来梦想与现在生活的矛盾。陆小姐最终还清了自己的负债，但她没有成为父母那样极度保守的消费者，而是学会了平衡。她会在满足一定生活品质的情况下，为自己的未来生活做金钱积累和投资。

她学会了延迟满足。她和朋友去商场闲逛，很喜欢商店橱窗中的貂皮外套。朋友建议她买下来："虽然价钱有点贵，但品质真的很好。要是喜欢就买下来吧，信用卡支付可以办理分期，很快钱就挣回来了。"然而她并没有听从朋友的建议，说："虽然很喜欢，但没有必要花这个钱。我已经有一件不错的外套，再买太浪费了。"陆小姐此时想的已经不是购买多余的外套，而是想着投资理财账户和娱乐消费账户里的钱。她发现娱乐消费账户里的钱不足以支付这样一件外套，同时，她知道自己的生活品质已经算不错了，没有必要过度奢侈。所以她把那件外套放回架子上。

这种经历多了起来，陆小姐对生活的掌控力也增强了，自己也变得更加自律，而且生活也变得从容、幸福起来。父母在她的影响下也开始改变，不再那么节俭，学会了平衡当下生活和未来的日子，而不是一味地存钱。

挣钱不仅是为了更加美好的现在，还是为了有更好的未来。有许多人只把自己的目光放在当前的生活上，只想着过好日子，甚至过奢华的日子，而根本不为将来打算。这并不是理智的做法。我们应该平衡自己的生活，既平衡现在与未来，也平衡消费与储蓄。

财富心语

如果仅仅是鼓励的话，可以说每个人都有赚大钱的潜力。但是实际上并不是每个人都具备很强的赚钱能力，若是不考虑未来，就可能会遭遇生活艰难的结局。不必说养老这样的事情，只是生活中的一些意外，就可以让人失去赚钱能力，若是没有任何金钱准备的话，生活将立即陷入困境。因此，一定要为未来进行理财规划。

把蛋糕做大

为了长久的生存和发展，人们不仅需要长远的眼光，还要懂得合作共赢。唯有如此，才能真正开拓更加美好的未来，成就真正的财富梦想。

两个人在饥饿的旅途中遇到了神，神怜悯他们的遭遇，便给了他们一根鱼竿和一篓鱼。两个人决定平分这些恩赐，一个人要了一篓鱼，另一个人则选择了那根鱼竿。

得到鱼的人架起篝火把鱼煮了，在一阵狼吞虎咽中很快就将鱼吃了个精光。吃完鱼后他又一无所有，最终饿死在旅途中。拿着鱼竿的人忍着饥饿，艰难地寻找大海。然而没等他找到大海，就已经饿死了。

后来又有两个饥饿的人，得到了相同的恩赐：一根鱼竿和一篓鱼。但是他们没有平分恩赐而各奔东西，而是两人一起带着恩赐去寻找大海，他们有计划地食用那一篓鱼。

经过了艰苦的跋涉，他们终于到了海边，用鱼竿钓到了鱼，维持了生命，后来两人开始了捕鱼的生活。几年后，他们不仅添置了渔船，还过上了宽裕的生活。

这个寓言对理财有很大的启发意义。想要获得财富，不仅需要看得远，还要懂得合作。尤其是资源有限的情况下，更是如此。

在面对一份利润时，绝大多数人首先想的是自己能够从中分到多少，甚至会为此争执不休。而目光长远的人想法则不同，他们想的是：有没有可能促成合作，然后做大这份利润，这样大家都可以得到更多的利益。

正因为如此，富有的人热衷于让利、分享、合作、创造，也是其长远目光带来的习惯性思维。为了创造更多的利润、更大的财富，他们开始的时候往往会让利，而不是争利。他们看到的是未来，而不是眼前的一些微薄利润。因此为了更为长远的利益，他们能够控制自己饥渴的欲望，甚至还能放弃自己的一部分利益。

人们常说：有舍才有得。须知创造财富仅仅依靠自己的力量是不够的，还需要集合更多人的智慧和力量，才能将有限的蛋糕做大，而要吸引更多人参与财富的创造，做大蛋糕，就要分享利益、适时让出利益。这是立足于长远的做法，最终的目的是让自己收获更大、更多的财富。

滴滴打车应用的兴起，其中一个重要的策略就是补贴，吸引司机和乘客使用滴滴打车，养成用滴滴打车的习惯。饿了么手机应用采取了同样的策略，各种补贴和优惠券吸引餐饮商家和食客使用饿了么手机应用，养成手机互联网叫餐的习惯，并快速获得使用流量。

后来很多手机互联网应用的快速崛起，都跟前期让利补贴的策略有关。开始的时候，很多人都无法理解这种“烧钱”的玩法，认为结果就是资金链断裂、血本无归。然而最终这些公司都快速成长为百亿级别的大公司。

真的是有舍才有得。特别是创业的人，总是想着摘果子，往往很难快速做大。创造财富是不断投入的过程，需要长期的规划和投入，必然需要长远的战略目光。为此，不能为了蝇头小利斤斤计较，要懂得让利、分享与合作。

富有的人往往就是这样做的。他们希望更多人参与创造财富的活动，这样才能让池子里的水变得丰足起来，最终自己才能获得更多的财富。正所谓“巧妇难为无米之炊”，仅仅依靠一人之力，又能创造多少财富呢？

热衷于理财的人要有战略眼光，目光长远，学会让利、分享与合作，让财富的水池更加丰盈。别为了微小的利益，让自己陷入无休止的钩心斗角、尔虞我诈中，那样只会导致格局狭小，让你无法创造更大的财富。

财富心语

双赢或多赢是热衷于财富创造之人的特有思维方式，他们希望沟通交流、自由分享，希望参与的人越多越好，因为这样的环境对财富创造更有利。特别是创业者，更需要集合众智众力，因此更要懂得分享、让利与合作。

以目标为导向

很多人都知道要做长远的打算，不能只看眼前，但事到临头，常常会做出短视的选择。这往往是因为他们没有坚定的目标。要想让自己有长远的目光，就要在平时训练自己的目标导向思维。做事情时，最好先明确目标，然后为目标的实现列出解决方法。这样你才会看得长远而全面。

陈女士看到房价在上涨，心里有些担忧，然后跟丈夫说："孩子差不多要升学了，以后离学校远，我们买一套学区房吧。"丈夫觉得陈女士说得很有理，便赶忙算了算存款，结果发现存款还不够付首付，于是建议说："我们还是再攒点钱吧！"

陈女士想了想，说："既然有必要买，也决定要买，为什么不想办法赶紧下手买呢？攒钱的速度未必快得过房价上涨的速度啊。"陈女士没有听从丈夫保守的建议，而是东挪西借，硬是把首付给付了。

结果两年过后，房价翻了一倍。陈女士的丈夫很高兴。高兴之余，他不由得感叹："幸好当时咬牙买了，否则照现在这样的情况，肯定还是付不起首付。"

为什么陈女士能够做出这样一个决策，而丈夫却没有做出相同的决策呢？陈女士的丈夫后来总结说："因为我没有将思考的重点放在这个学区房是否必须买，而重点思考钱够不够。而我的夫人认为学区房是必需的，同时购买学区房是合理的，这就是一个目标，她只需要想办法找到钱就可以了，无须去等待。"

陈女士的思考与行动体现的就是目标导向思维。一个人若能够以这种思维方式去解决生活和工作上的问题，很容易就会变得富有。但是人们真正能够按照目标导向思维进行生活的人其实并不多。

为什么会这样呢？这是由于我们头脑中存在的惯性思维所致。比如案例中的丈夫做出的选择，主要是受到了惯性思维的影响。他首先考虑的是：我有多少存款，工资收入是多少。然后他会根据自己的基本条件来决定：该不该买房，买什么样子的房。

于是他的思考重点就落在了该不该买房或买什么样的房上。而目标导向的思考却有很大区别，这种思维方式考虑的重点不是该不该去做，而是如何实现。陈女士就是这样考虑的：我为什么要买房，想买什么房。然后再计算和规划：还差多少钱，怎么解决。

注意，这里不是说量入为出的理财思路不好，量入为出是理财过程中极为重要的理念。这里主要讲的是惯性思维在某些时候钳制我们的思想，让我们的思路变得狭窄，无法拓展。目标导向思维是开拓性思维，可以在一定程度上突破惯性思维的限制，让我们找到实现财务目标的方法。

善于理财人通常都具有目标导向思维。一旦确定目标是合理的、必须的，他们就不会以“资源不足”为理由，去否定这个目标，而是以目标为导向，想方设法配置资源，满足各种条件。若是目标比较大，不能一次性实现，他们就会将这个目标分解成几个小目标，分阶段去达成。总之，他们知道目标必须实现，而不会一直停留在“目标该不该达成”的思考上。

目标导向思维看似简单，但真正做起来并不容易。因为目标的实现往往需要付出较大的努力，同时也要承受巨大的压力。人都是有惰性和恐惧心的，现实生活中很多人可以用目标思维方式进行思考，但最终不能付诸行动，将目标实现。

因此，不仅需要有目标、有思路、有方法，还需要切实行动，这样才会真正受用。理财与生活都是长期的事情，需要我们一直去做。假如总是空谈，那么即便有再好的想法和目标，也只是空谈，不会成真，而你的未来也不会改变，财富也不会增长。

财富心语

理财要有长远的目光，我们更要活在当下。我们要以未来的目标为导向，找到切实可行的方法，并在当下的生活中逐步落实，这样我们才有可能到达梦想中的未来世界。

将学习变成生活方式

为了在这个世界上生活得更好，我们需要不断地学习。如果可以的话，我们应该将学习当作生活方式。我们不仅要学习理财，还要学习各种其他知识。学习可以让我们变得更好，也可以让我们的生活变得更好。

在投资理财的过程中，无知并不是最可怕的，可怕的是明明自己做错了，却始终不承认，结果将自己的血汗钱挥霍一空。

富有的人深知自己有很多不知道的事情，因此愿意学习各种新的知识。而大多数经济拮据的人，往往以为自己什么都知道，总是想证明自己是正确的，坚持旧有的思考方式和行为，最终走向失败。

我们要知道自己的缺陷所在，要知道自己做事方式的缺陷所在，同时，我们还需要知道一些新的知识，更新自己的认知，升级自己的思维模式。新的观念意味着新的思考方式，新的行动，也就意味着新的结果。

这就是你必须继续学习和成长的原因。万事万物就在变化之中，如果你不学习，就会落后。在面对世界上的新变化时，你就无法做出正确的选择和行动。这对理财是十分不利的。

可是偏偏最需要学习的人却说："我没有时间，我没有钱，没法去学习。"或者干脆认为学习无用，还不如吃好喝好玩好呢。他们宁愿将自己赚到的大部分钱用在消费和玩乐上，也不愿意花钱去学习。

对富有的人来说，创造财富的主要目标不是拥有多少钱，而是帮助自己成为更出色的人。学习同样如此。学习与创造财富有相同的目标，同时二者也是相辅相成的。

看我们身边的人就会发现，富有的人在他们的领域里是专家，而经济拮据的人在他们的领域里往往很平庸，甚至很差劲。想要成为一个领域的专业人士，没有刻苦地学习和深入地钻研是不可能的。

无论你选择什么样的事业，都需要深入地学习。你越擅长自己的专业，挣的钱就越多。即便你不去工作，依靠理财投资为生，你同样需要让自己成为理财投资领域的专家，无论是房地产、股票还是其他方面的投资人，没有专业的知识和经验是无法成功赚到钱的。无论在哪个领域，你都必须成为持续学习者，提高自己的技能、才能。

而想要成为某个领域的专家，还要向这个领域里真正的高手学习，即那些在现实世界里获得了真实成果的人。没有实际经验的演讲家，哪怕讲得再好，因为不明白实践过程中的细节问题，也无法告诉你哪些地方容易出问题，哪些地方要特别注意。

从谁那里学习和获取建议是非常重要的。若是你想要变得富有，不要向那些理财讲师学习，因为若是他们那一套真的有用，他们早就家财万贯了。若是你向他们学习你可能会失败。

当然，可以向他们学习其他的东西，但必须是他们真正擅长的东西。比如演讲、写作、阅读、家庭关系等。每个人都有擅长的地方，我们应该学习他人的经验。

若是想要学习知识，最好的办法还是读书、听课，这样会更加系统、全面，可以使我们获得稳定的心态。但是有人不喜欢读书、听课，更喜欢其他的学习方式，这就要看自己的选择了。其实学习是一种生活方式。喜欢学习的人，不会觉得苦，而会觉得很自然、很快乐。

如果可以将学习当成生活方式，保持开放性的思维，我们的大脑就可以始终保持进步和成长的状态。对长远的未来而言，这是非常有利的。

建议你把收入的一部分存下来做自己的教育基金，用这笔钱来上课、买书，或任何你选择学习的方式，可以是正式的系统教育，也可以是简单的技能培训。通过这样的方式，你可以让自己不断地成长。

财富心语

学习是一生的事情。我们应时时刻刻致力于自己的成长。找到真正的高手并向他们学习，让你保持在成长的轨道上。每月至少读一本书，听一节有关金钱、生意或个人发展的课。你的知识、你的自信以及你的财富都会不断成长，终将收获长久的幸福。

后记

POSTSCRIPT

理财是一项可以学习的技能。财务高手不是天生的，而是需要通过后天的学习和实践练就。因此，只要愿意学习，人人都能掌握理财技能，成为理财高手。

在理财过程中，我们会遇到各种各样的心理问题，这是十分正常的事情。毕竟人人都贪求好心情、讨厌坏心情，总是制造出各种各样的心理问题迷惑自我。其实这些心理、心态、情绪、想法都是我们自己制造出来的。如果不能看清楚其中的虚幻本质，便很容易被它们所困扰和役使，这样我们的正常思考和理性观念就会被改变，从而使我们的行动发生变异，最终影响我们的理财结果。

创造财富时，要具备强烈的上进心，勇于付出和投入，不惧冲锋陷阵，方能抓住致富的良机。管理钱财时，则要为未来打算，注意风险和储蓄，控制自己的欲望。既要看到发展，又要看到保障。兼顾二者，才能真正收获财富和幸福。

理财是一个长期的过程，不是一时的想法。想要成为富有的人，需要系统的学习，需要稳定的心态、正确的观念以及持之以恒的行动，最终形成良好的理财习惯，这样才能给我们带来好处。否则，人在沉浮中随波逐流，财富也必然如浮云般散去。

这些都需要我们认真体会，将其融入自己的生活，才会明白其中的滋味。希望每位读者都能实现自己的财务目标，过上自己理想的幸福生活。